动态网站建设实践教程

（ASP.NET）

主编◎周胜安

副主编◎王圆 袁伟华 张译匀 黄丽芬

清华大学出版社

北 京

内 容 简 介

本书以制作一个完整的企业网站为例，详细介绍了使用 ASP.NET 技术并基于三层架构实现一个动态网站的常用方法和技巧。全书分为 7 个项目、20 个任务，具体内容包括项目介绍及需求分析、主页设计、新闻信息绑定、三层架构实现登录、后台管理页面设计、新闻管理模块设计、站内搜索模块设计等。

本书是广东省“电子商务”重点建设专业的研究成果教材，提供完备的课程资源支持。

本书可作为高职高专相关院校电子商务、计算机应用技术、软件技术、网络技术等相关专业的教学用书，也可作为相关领域的培训教材和.NET Web 程序员的参考用书。

图书在版编目（CIP）数据

动态网站建设实践教程：ASP.NET / 周胜安主编. —北京：清华大学出版社，2021.9
ISBN 978-7-302-59019-4

Ⅰ. ①动… Ⅱ. ①周… Ⅲ. ①网站—建设—高等职业教育—教材 Ⅳ. ①TP393.092.1

中国版本图书馆 CIP 数据核字（2021）第 177133 号

责任编辑：邓　艳
封面设计：刘　超
版式设计：文森时代
责任校对：马军令
责任印制：刘海龙

出版发行：清华大学出版社
网　　址：http://www.tup.com.cn，http://www.wqbook.com
地　　址：北京清华大学学研大厦 A 座　　**邮　　编：**100084
社 总 机：010-62770175　　**邮　　购：**010-62786544
投稿与读者服务：010-62776969，c-service@tup.tsinghua.edu.cn
质量反馈：010-62772015，zhiliang@tup.tsinghua.edu.cn
印 装 者：三河市科茂嘉荣印务有限公司
经　　销：全国新华书店
开　　本：185mm×260mm　　**印　　张：**10.25　　**字　　数：**237 千字
版　　次：2021 年 9 月第 1 版　　**印　　次：**2021 年 9 月第 1 次印刷
定　　价：49.00 元

产品编号：094010-01

前　　言

ASP.NET 是微软力推的 Web 开发编程技术，它是建立在通用语言基础上的程序框架。ASP.NET 以其简单、快捷和高效的编程模式，受到广大用户的青睐，是当今最热门的 Web 开发编程技术之一。

本书以制作一个完整的企业网站为例，详细介绍了使用 ASP.NET 技术并基于三层架构实现一个动态企业网站的常用方法和技巧。全书包括 7 个项目 20 个任务，具体内容组织如下。

项目 1 为项目介绍及需求分析。通过进行项目需求分析、安装开发环境和搭建系统架构 3 个任务，介绍了项目开发前应进行哪些准备工作，以及一个企业网站如何进行需求分析。

项目 2 介绍了 Web 应用程序的界面设计。通过主页整体布局、导航菜单的制作、中间部分的设计 3 个任务，阐述了在 Web 应用开发中进行页面设计的方法和思路。

项目 3 介绍了 Web 应用开发中动态信息的绑定方法。通过创建数据库、数据表、存储过程，使用 C#编写数据库读操作，以及使用控件进行数据绑定 3 个典型任务，介绍了动态新闻信息的绑定过程。

项目 4 介绍了系统登录功能的实现。通过设计登录界面、编写读取数据库管理员信息的存储过程、编写数据库连接相关类（DAL）、业务层的实现和对象封装（Model）5 个任务，介绍了基于三层架构进行数据访问的具体实现方法。

项目 5 介绍了网站后台管理页面的制作方法。具体包括后台管理页面框架的实现、左侧导航菜单的加载和使用 XML 文件实现节点导航 3 个典型任务。

项目 6 以新闻管理模块为例，介绍了如何设计新闻管理页面和实现信息的增、删、查、改功能。

项目 7 介绍了动态网站开发过程中查找功能的实现。以主页中搜索相关信息为例，从控件的使用和后台代码两个方面介绍了控件的属性设置及代码编写方法。

本书在结构上以“项目引入→项目分解→相关知识→任务实施”为主线，以任务为驱动，以应用为需求，注重实际开发能力的培养。本书结构清晰，示例丰富，步骤明确，讲解细致，突出实用性和操作性。

本书是广东省“电子商务”品牌专业建设的研究成果教材，由广东行政职业学院的周胜安老师担任主编，王圆、袁伟华、张译匀和黄丽芬老师担任副主编；另外，广州大洋教育科技股份有限公司、广东泰迪智能科技股份有限公司和广东轩辕网络科技股份有限公司等网站开发工程师也为本书的编写提出了许多宝贵意见，在此一并表示感谢。由于编者水平有限，书中难免存在欠缺与不妥之处，敬请广大读者和同仁多提宝贵意见和建议。

编　者

前 言

目　录

项 1 目

项目介绍及需求分析

项目引入

网站是指通向某类综合性互联网信息资源并提供有关信息服务的应用系统。目前，网站的业务可谓包罗万象，成为名副其实的网络界“百货商场”或“网络超市”。随着信息化社会的发展，网站成为绝大多数企业用来宣传自己及企业业务的重要工具。

其实，大多数企业网站在功能上都是类似的，基本上都包括公司介绍、新闻信息的发布与浏览、产品信息的发布与浏览、站内搜索、人才招聘信息等模块。

本项目就来为广州一家中小皮具公司设计一个企业网站，其内容包含了大多数网站的常见功能。

项目分解

本项目中，将通过下列 3 个任务，学习和了解进行网站开发时需要先做好哪些准备工作。

任务 1：进行项目需求分析。

任务 2：安装开发环境。

任务 3：搭建系统架构。

任务 1　进行项目需求分析

在决定开发一个网站项目之前，首先要对项目进行需求分析。否则，就可能出现投入了大量的人力、物力、财力、时间，开发出的软件却不能满足用户要求的局面。而如果重新进行开发，所造成的浪费是不可想象的。

需求分析阶段的任务就是解决“做什么”的问题，即要全面地理解用户的各项要求，并能准确地表达出所接受的用户需求。

准确地说，需求分析阶段的工作可以分为 4 个方面：问题识别、分析与综合、制定规格说明和评审。

问题识别就是从系统角度来理解软件，确定对所开发系统的综合要求，并提出这些需求的实现条件以及需求应该达到的标准。这些需求包括：功能需求（做什么），性能需求（要达到什么指标），环境需求（如机型、操作系统等），可靠性需求（不发生故障的概率），安全保密需求，用户界面需求，资源使用需求（软件运行时所需的内存、CPU 等），以及软件成本消耗与开发进度需求等，并需要预先估计出以后系统可能达到的目标。

分析与综合就是逐步细化所有的软件功能，找出系统各元素间的联系、接口特性和设计上的限制，分析它们是否满足需求，剔除不合理的部分，增加需要的部分，最后综合出系统的解决方案，给出待开发系统的详细逻辑模型（即“做什么”的模型）。

制定规格说明书的过程就是编制文档的过程。描述项目需求的文档称为软件需求规格说明书。

评审工作是指对功能的正确性、完整性、清晰性以及其他需求给予评价。评审通过后，才可进行下一阶段的工作，否则需要重新进行需求分析。

本书中将为广州一家中小皮具公司制作企业网站，网站目标是通过互联网技术整合公司的产品、服务以及行业相关信息，为客户及合作伙伴提供相应的新闻信息、产品信息服务平台。同时，通过网站平台建设，为来访者提供公司动态、产品信息、国家政策信息、行业动态等信息服务，并通过广告增加网站的点击量，在网上开展营销活动，为公司客户以及社会各界提供一个相互了解的信息平台。

相关知识

1.1.1 网站开发概述

网站开发就是指使用网页设计软件，经过平面设计、网页排版、网页编程等步骤，设计出多个网页，并将这些网页通过具有一定逻辑关系的超链接相互衔接，构成一个网站。网页制作完成以后，还需要将其上传到网站服务器上，以供远程用户访问浏览。

具体来说，网站由域名、服务器空间、网页 3 部分组成。

域名就是用户访问网站时在浏览器地址栏中输入的网址。

网页一般是通过 Dreamweaver 等软件编辑出来的多个文档，使用 HTML（超文本标记语言）来描述文本、图片、动画等内容，可通过浏览器进行阅读，多个网页之间藉由超链接实现相互跳转。网页文件的扩展名通常是.htm、.html、.xml、.asp、.aspx、.php、.jsp 等，浏览器通过解释网页文件中的代码，将网页中的内容呈现给用户。

服务器空间是保存网页文件的地方，制作好的网页文件只有上传到专门的服务器空间中，才能被远程用户藉由浏览器访问到。

1.1.2 商业网站建设的一般流程

建设一个商业网站，通常需要完成如下工作。

1. 申请域名空间

要想使自己的网站能够被快速记住，就需要为网站选择一个好的域名。域名的后缀一般是.com 或.cn，.com 表示国际域名，.cn 表示中国域名。域名的主体要契合网站主题，一般与企业名称相关，如企业名称的全拼、缩写、英文等。还可以加地域或者数字，但是一定要有意义，让人容易记住。

申请了域名之后，接下来需要租用一个虚拟的主机空间，并把域名与主机进行绑定。这样，当用户访问该域名时，就会被连接到存放在该虚拟主机空间里的网站上。

2. 进行规划设计

无论是个人网站、企业网站还是门户网站，制作前都要进行规划设计，有目的性。不同类型的网站，其设计思路也会有所不同。首先要对建站目的和用户需求进行分析，合理规划出网站要实现的各功能模块，要采用的主题、版式、风格，以及主要用户群体的浏览习惯。同时，各类素材内容（如文本、图片等）也都需要在建站前准备好。

3. 开始制作网站

网站通常分为前台和后台，因此建站也要从这两方面进行考虑。前台建设主要是根据网站类型、面向人群、所需功能来设计版面，不宜太过杂乱，一定要简洁，以保证用户体验，使访问者有好感。后台建设较为复杂，需要通过程序整合前台页面，以实现初期规划的功能，通常需要编写较为复杂的程序来支持。

4. 测试发布网站

当网站程序编写好后，一个网站的雏形就具备了，但这时候网站通常是不完善的，需要进行测试评估。要从用户体验的角度多去观察，逐渐完善。当网站的问题都解决，没什么大的问题的时候，就可以把网站上传到虚拟主机空间里，这时在浏览器地址栏中输入域名，就可以正式访问网站了。

5. 维护推广网站

网站虽然上线了，但并不意味着工作已经结束。此时，网站也许还有未被发现的漏洞，因此，在网站上线之后还要继续完善网站的不足。维护主要针对网站的服务器进行，重点是网站安全和网站内容方面的维护。除此之外，可以做 SEO（搜索引擎优化）或者百度推广，对网站进行推广（这是针对百度搜索引擎的推广）；还可以在其他网络平台上推广，做互联网推广。

1.1.3 动态网站开发与 ASP.NET

动态网站是与静态网站相对应的。动态网站的 URL（统一资源定位器）是不固定的，用户可通过后台与网站进行交互，完成数据查询、表单提交等动作。

和静态网站相比，动态网站具有以下特点。

- 动态网页一般以数据库技术为基础，因此可以大大降低网站维护的工作量。
- 采用动态网页技术的网站可以实现更多的功能，如用户注册、用户登录、在线调查、用户管理、订单管理等。
- 动态网页并不是独立存在于服务器上的网页文件，实际上，只有当用户请求时，服务器才返回一个完整的网页。

❖ 动态网页中的“?”对搜索引擎检索存在一定的问题，搜索引擎一般不可能从一个网站的数据库中访问全部网页，或者出于技术方面的考虑，搜索之中不去抓取网址中“?”后面的内容。因此，采用动态网页的网站在进行搜索引擎推广时需要做一定的技术处理，才能适应搜索引擎的要求。

常用的动态网站开发技术有CGI、ASP、PHP、JSP、ASP.NET等。下面来分别进行介绍。

1. CGI

网站应用早期，动态网页技术主要采用CGI（common gateway interface，公用网关接口）技术来实现。用户可以使用Visual Basic、Delphi、C/C++等程序编写CGI程序，将写好的程序放在Web服务器上运行，再将运行结果传输到客户端的浏览器上，从而实现用户与后台信息的交互。

最常用于编写CGI技术的语言是Perl（Practical Extraction and Report Language，文字分析报告语言），它具有强大的字符串处理能力，特别适合用于分割处理客户端Form提交的数据串。用它来编写的程序后缀名为.pl。

CGI技术的功能非常强大，但由于其具有编程困难、效率低下、修改复杂等缺陷，因此正在逐渐被ASP、PHP、JSP等新技术所取代。

2. ASP

准确地说，ASP是一个中间件，它将来自Web的请求转入一个解释器中，并在该解释器中对所有ASP的Script进行分析，然后进行执行。可以在这个中间件中创建一个新的COM对象，对其中的属性和方法进行操作和调用，再通过这些COM组件完成更多的工作。

所以，ASP的强大不在于它的VBScript，而在于它后台的COM组件，这些组件无限地扩充了ASP的能力。

3. PHP

PHP（hypertext preprocessor）是一种HTML内嵌式的语言，类似于IIS（互联网信息服务）上的ASP。

PHP的语法混合了C、Java、Perl以及PHP式的新语法，可以比CGI或Perl更快速地执行动态网页。PHP能够支持很多数据库，如MS SQL Server、MySQL、Sybase、Oracle等。

PHP与HTML语言具有非常好的兼容性，使用者可以直接在脚本代码中加入HTML标签，或者在HTML标签中加入脚本代码，从而更好地实现页面控制。PHP提供了标准的数据库接口，数据库连接非常方便，兼容性很强；PHP的扩展性能也很强，并可以进行面向对象的编程。

PHP优点汇总具有如下3个方面。

❖ 具有跨平台性，属于有良好数据库交互能力的开发语言。

❖ 可与Apache及其他扩展库紧密结合。PHP可以与Apache以静态编绎方式结合起来，与其他扩展库也可以用这样的方式结合（Windows平台除外）。因此能最大化地利用 CPU 和内存，同时能有效利用 Apache 的高性能吞吐能力。

❖ 具有良好的安全性。PHP 的代码是开放的，在许多工程师手中都进行了检测；同时，它与 Apache 编绎在一起的方式让它具有灵活的安全设定。

4. JSP

JSP 页面由 HTML 代码和嵌入其中的 Java 代码所组成。服务器在页面被客户端请求以后对这些 Java 代码进行处理，然后将生成的 HTML 页面返回给客户端的浏览器。Java Servlet 是 JSP 技术的基础，而且大型 Web 应用程序的开发需要 Java Servlet 和 JSP 配合才能完成。JSP 具备 Java 技术简单易用、完全面向对象、平台无关性、安全可靠、主要面向 Internet 应用等特点。

JSP 的优点汇总具体如下。

❖ 跨平台特点，一次编写，到处运行。在这一点上，Java 比 PHP 更出色——除系统之外，代码不用做任何更改。

❖ 强大的可伸缩性。从只有一个小的 Jar 文件就可以运行 Servlet/JSP，到由多台服务器进行集群和负载均衡，再到多台 Application 进行事务处理、消息处理，一台服务器到无数台服务器，Java 显示出了强大的生命力。

❖ 多样化和功能强大的开发工具支持。这一点与 ASP 很像，Java 有许多优秀的开发工具，且多数可以免费得到。其中，大部分可以顺利运行于多种平台之下。

5. ASP.NET

ASP.NET 是一种建立在通用语言上的程序构架，能被用于 Web 服务器以建立强大的 Web 应用程序。ASP.NET 具有许多比之前的 Web 开发模式更强大的优势。

1）执行效率大幅提高

ASP.NET 把基于通用语言的程序在服务器上运行，不像 ASP 那样是即时解释程序，而是当程序在服务器端首次运行时进行编译，这样的执行效果当然比一条一条地解释强很多。

2）世界级的工具支持

ASP.NET 构架使用 Microsoft 公司最新的 Visual Studio.NET 开发环境进行开发，属于所见即所得（what you see is what you get）的编辑方式。

3）强大的适应性

ASP.NET 是基于通用语言的编译运行的程序，具有非常强的适应性，几乎可以运行在所有的 Web 开发平台上。通用语言的基本库、消息机制、数据接口的处理都能无缝地整合到 ASP.NET 的 Web 应用中。同时，ASP.NET 也是语言独立化的，也就是说，开发者可以使用最适合自己的语言来编写程序，或者把程序用多种语言来编写。目前，ASP.NET 支持的语言有 C#（C++和 Java 的结合体）、Visual Basic、JavaScript 等。这种多程序语言协同工作的能力将使得现今许多基于 COM+开发的程序能够被完整地移植向 ASP.NET。

4）简单性和易学性

ASP.NET 在运行一些常见任务（如表单提交、客户端身份验证等）、分布系统和网站配置时非常简单。例如，ASP.NET 页面构架允许用户建立自己的分界面，使其不同于常见的 VB-Like 界面。另外，通用的语言简化了开发过程，使得编写代码像装配电脑一样简单。

5）高效的可管理性

ASP.NET 使用一种字符基础的、分级的配置系统，使服务器环境和应用程序的设置非常简单。其配置信息保存在简单文本中，进行新的设置时不需要启动本地管理员工具就可以实现。这种设计理念使得 ASP.NET 基于应用的开发更加具体和快捷。一个 ASP.NET 应用程序在服务器系统中安装时，只需要简单复制一些必须文件即可，而不需要重新启动系统，操作非常简单。

6）多处理器环境下的可靠性

ASP.NET 是一种可用于多处理器的开发工具，它使用了特殊的无缝连接技术，可极大地提高多处理器的运行速度。

7）自定义性和可扩展性

ASP.NET 允许开发人员编写代码时自行定义 plug-in 模块。也就是说，ASP.NET 可以加入用户自定义的组件，使网站程序的开发相对较为简单。

8）安全性

ASP.NET 基于 Windows 认证技术和应用程序配置，因此具有较强的安全性。

任务实施

本项目是为一家皮具公司企业制作网站，网站的主要功能包括公司介绍、新闻信息的发布与浏览、产品信息的发布与浏览、人才招聘信息发布、站内搜索等。

整个系统采用 B/S（浏览器/服务器）结构，分为前台显示页面与后台管理系统。前台显示页面包括公司介绍、新闻中心、产品信息、服务与支持、招贤纳士、联系我们等相应版块。后台管理系统包括系统管理、新闻管理、产品管理、人才管理、企业信息、留言管理等功能模块，主要实现对前台新闻、产品、留言等相关信息进行增、删、查、改的操作。

网站的系统架构如图 1-1 所示，主页面效果如图 1-2 所示。

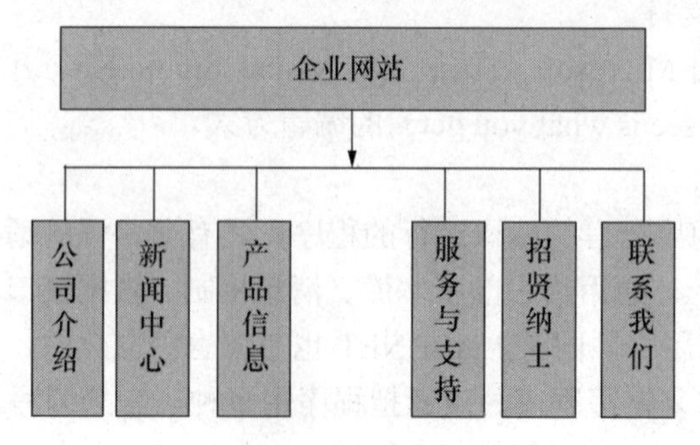

图 1-1　系统架构

用户通过登录页面，可登录后台，进行后台管理功能操作。前台登录页面和后台管理系统的界面效果如图 1-3 和图 1-4 所示。

图 1-2　网站主页效果

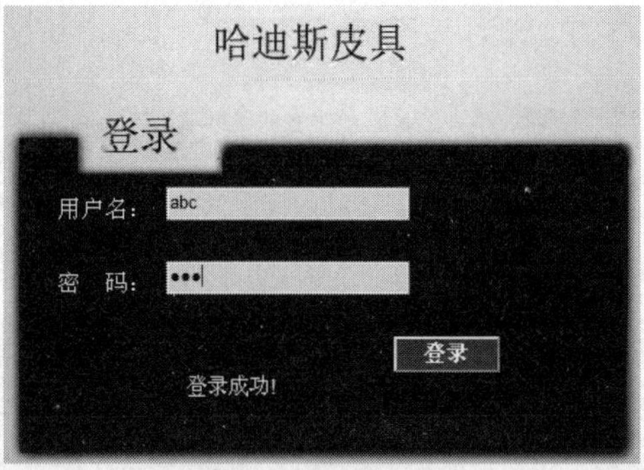

图 1-3　前台登录页面

图 1-4　后台管理页面

任务 2　安装开发环境

本项目网站采用 B/S 结构，技术上将采用 ASP.NET（C#）语言、SQL Server 2012 数据库、IIS 来实现，开发工具则采用 Visual Studio 2015 开发环境。

本任务的重点就是学习如何搭建 Visual Studio 2015 开发环境和安装 SQL Server 2012 数据库软件。

相关知识

1.2.1 认识 Visual Studio 2015

Visual Studio 由微软公司推出，是目前最流行的 Windows 平台应用程序开发环境。Visual Studio 2015 版本于 2010 年 4 月 12 日上市，其集成开发环境（IDE）的界面简单明了，支持 NET Framework 4.0、Microsoft Visual Studio 2015 CTP，并且支持开发面向 Windows 7 的应用程序。除了 Microsoft SQL Server，它还支持 IBM DB2 和 Oracle 数据库。

Visual Studio 2015 的启动界面如图 1-5 所示。

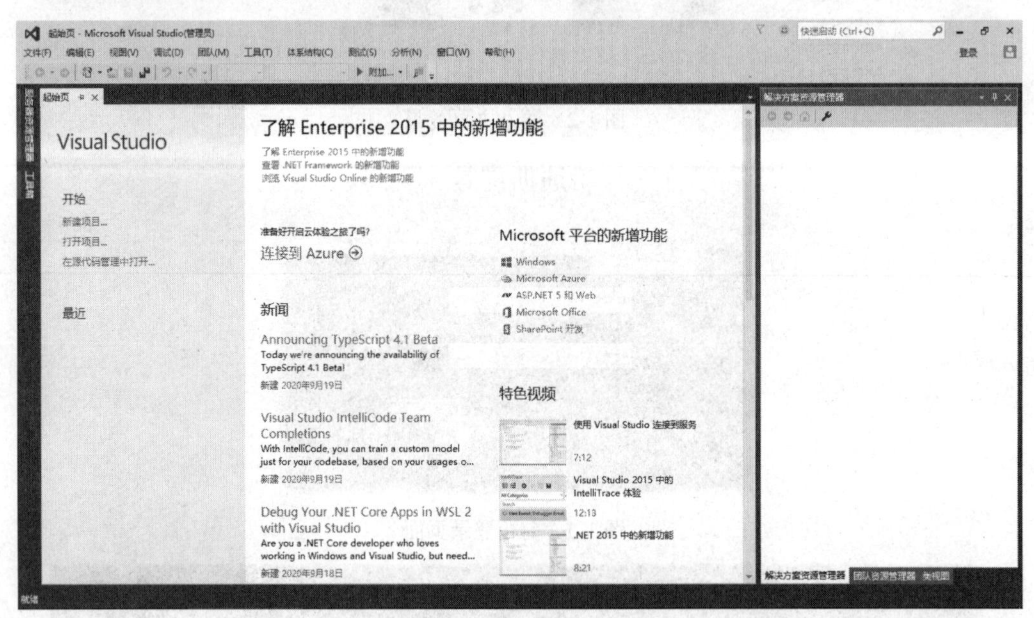

图 1-5　Visual Studio 2015 的启动界面

Visual Studio 2015 具备如下新特性。

- Visual Studio 2015 继续支持经典桌面和 Windows 商店开发。Visual Studio 将随着 Windows 的发展而发展。在 Visual Studio 2015 中，适用于.NET 和 C++的库和语言有了大幅改进，适用于 Windows 的所有版本。
- 面向.NET Framework 且用 C#编写的 Windows 商店应用程序现在可使用.NET 本机（它将应用程序编译到本机代码而不是 IL），并且.NET Framework 4.6 也添加了 RyuJIT，即 64 位实时（JIT）编译器。
- ASP.NET 5 是 MVC、WebAPI 和 SignalR 的一个重大更新，在 Windows、Mac 和 Linux 上运行。ASP.NET 5 旨在完全为用户提供可组合的精益.NET 堆栈以便生成基于云的现代应用程序。Visual Studio 2015 工具与常用 Web 开发工具（如 Bower

和 Grunt）更紧密地集成。

- ❖ 可以使用 Visual Studio 创建和调试在 Windows、iOS 和 Android 设备运行的本机移动应用。使用 Visual Studio Emulator for Android，或连接设备并在 Visual Studio 中直接调试代码。
- ❖ Visual C++在以下方面有大幅提升：C++ 11/14 语言一致性、对跨平台移动设备开发的支持、对可恢复函数和 await 的支持（目前计划在 C++ 17 中进行标准化）、C 运行时库（CRT）和 C++标准库（STL）实现中的改进和 Bug 修复、MFC 中可调整大小的对话框、新的编译器优化、更好的生成性能、代码编辑器中的新诊断功能和新效率工具。

1.2.2　Visual Studio 2015 的安装要求

安装 Visual Studio 2015 开发环境之前，需要先检查计算机的软硬件配置是否满足安装要求。具体要求如下。

- ❖ 处理器：1.6 GHz 或更快的处理器。
- ❖ 1 GB 的 RAM（如果在虚拟机上运行则需 1.5 GB）。
- ❖ 4 GB 可用硬盘空间，5400 RPM 硬盘驱动器。
- ❖ 操作系统：Windows 10、Windows 8、Windows 7、Windows Server 2008、Windows Server 2012。

1.2.3　认识 SQL Server 2012

动态网站一般以数据库技术为基础，因此可以非常方便地实现用户注册、用户登录、在线调查、用户管理、订单管理等功能。

本项目将采用 SQL Server 2012 数据库来实现对后台数据的增、删、查、改操作。

SQL Server 是 Microsoft 公司开发的系列数据库管理平台，是一个可信任的、智能的、高效的数据库系统平台，能满足大中型数据管理系统的需求。目前，使用较为广泛的是其 SQL Server 2012 版本。

1.2.4　SQL Server 2012 的安装要求

要安装 SQL Server 2012 数据库，计算机需要满足以下软硬件条件。

- ❖ 硬盘：最少 6 GB 的可用硬盘空间。
- ❖ 驱动器：从磁盘进行安装时，需要相应的 DVD 驱动器。
- ❖ 显示器：有 Super-VGA（800×600）或更高分辨率的显示器。
- ❖ .NET Framework：在选择数据库引擎、Reporting Services、Master Data Services、Data Quality Services、复制或 SQL Server Management Studio 时，.NET 3.5 SP1 是 SQL Server 2012 所必需的，但不再由 SQL Server 安装程序安装。
- ❖ Windows PowerShell：SQL Server 2012 不安装或启用 Windows PowerShell 2.0；但对于数据库引擎组件和 SQL Server Management Studio 而言，Windows PowerShell 2.0

是一个安装必备组件。如果安装程序报告缺少 Windows PowerShell 2.0，您可以按照 Windows 管理框架页中的说明安装或启用它。

❖ 网络软件：SQL Server 2012 支持的操作系统具有内置网络软件。独立安装的命名实例和默认实例支持以下网络协议：共享内存、命名管道、TCP/IP 和 VIA。

任务实施

步骤 1： 安装 Visual Studio 2015 开发环境。

（1）下载 Visual Studio 2015 软件包。

（2）解压文件，如图 1-6 所示，然后双击安装包内 vs_enterprise.exe 文件。

此电脑 › BD-ROM 驱动器 (I:) VS2015_ENT_CHS

名称	修改日期	类型	大小
packages	2015/7/10 13:26	文件夹	
Standalone Profiler	2015/7/10 13:26	文件夹	
autorun.inf	2015/7/10 10:07	安装信息	1 KB
vs_enterprise.exe	2015/7/10 13:25	应用程序	3,043 KB

图 1-6　Visual Studio 2015 安装文件

（3）打开后启动页面，如图 1-7 所示。

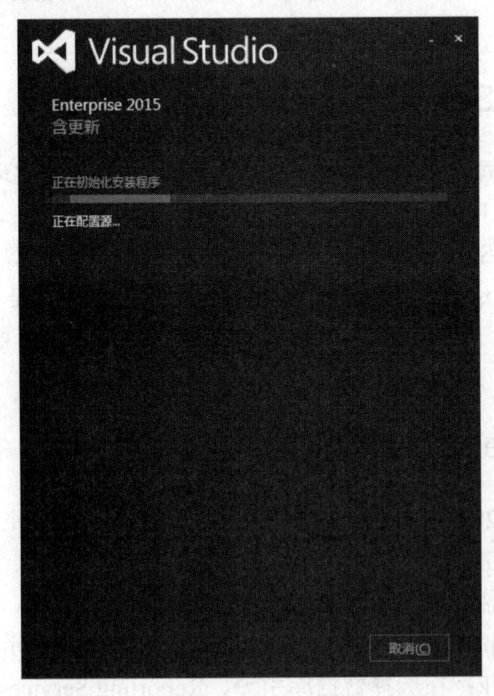

图 1-7　安装程序界面

（4）安装类型选择“自定义”，更改安装目录后单击“下一步”按钮选择安装功能，如图 1-8 所示。

（5）单击“下一步”按钮，进入安装程序界面，如图 1-9 所示。

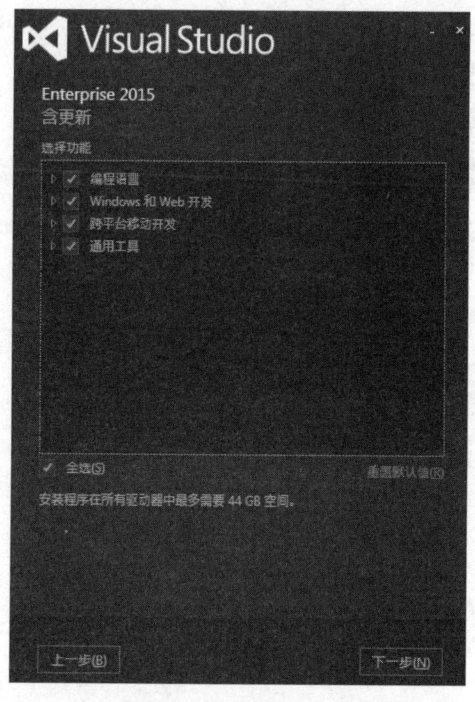

图 1-8　选择安装功能

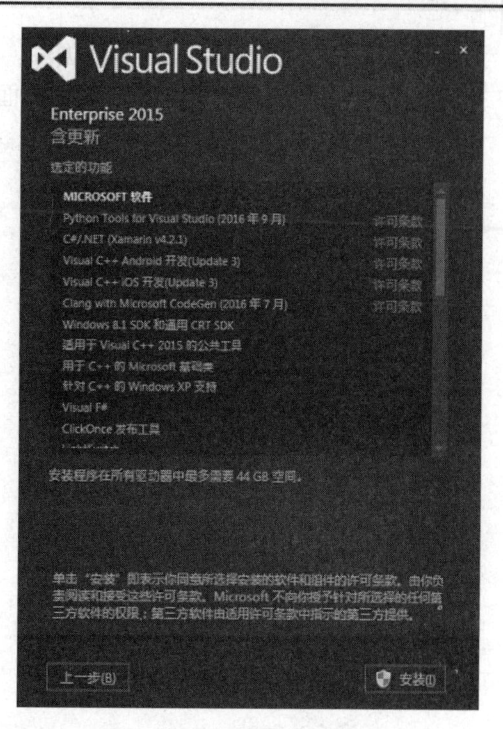

图 1-9　安装程序界面

（6）单击“安装”按钮，如图 1-10 所示。

（7）安装完成后，会提示安装成功，如图 1-11 所示。

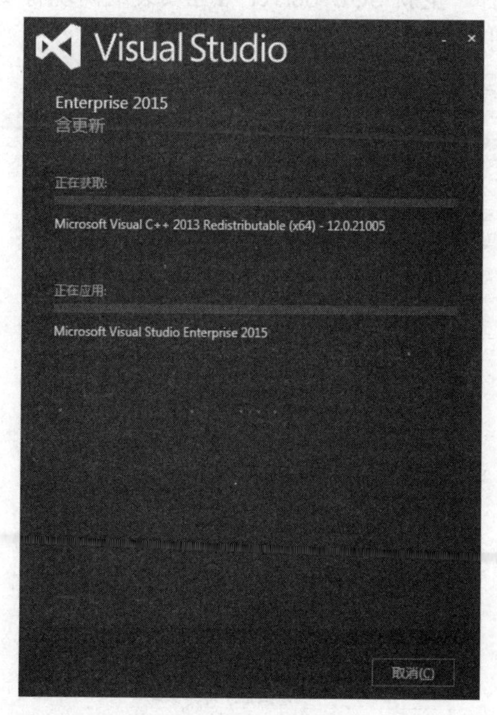

图 1-10　正在安装界面

图 1-11　安装成功界面

步骤 2： 安装 SQL Server 2012 数据库。

（1）在光驱中放入安装光盘，运行界面如图 1-12 所示。

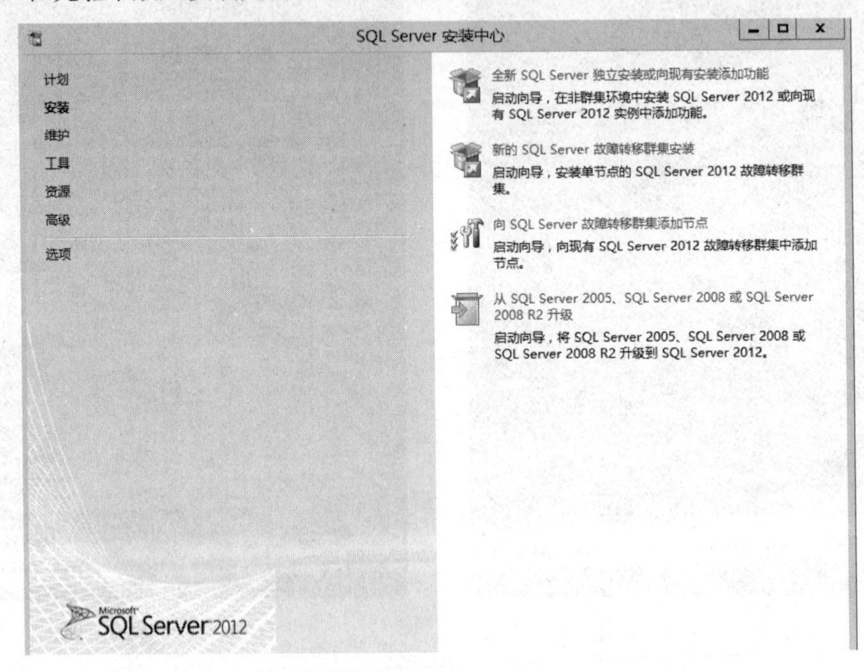

图 1-12　光盘运行界面

（2）在左侧选择“安装”选项，在右侧选择“全新 SQL Server 独立安装或向现有安装添加功能”选项，开始检测安装程序支持规则，如图 1-13 所示。

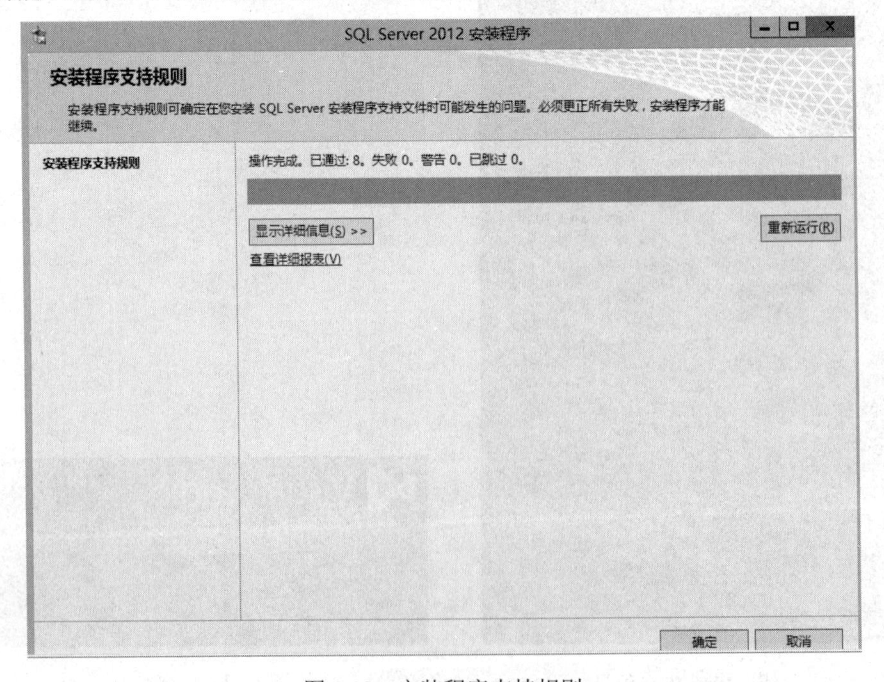

图 1-13　安装程序支持规则

（3）在所有检测通过后，单击“确定”按钮，进入产品密钥输入界面，如图 1-14 所示。

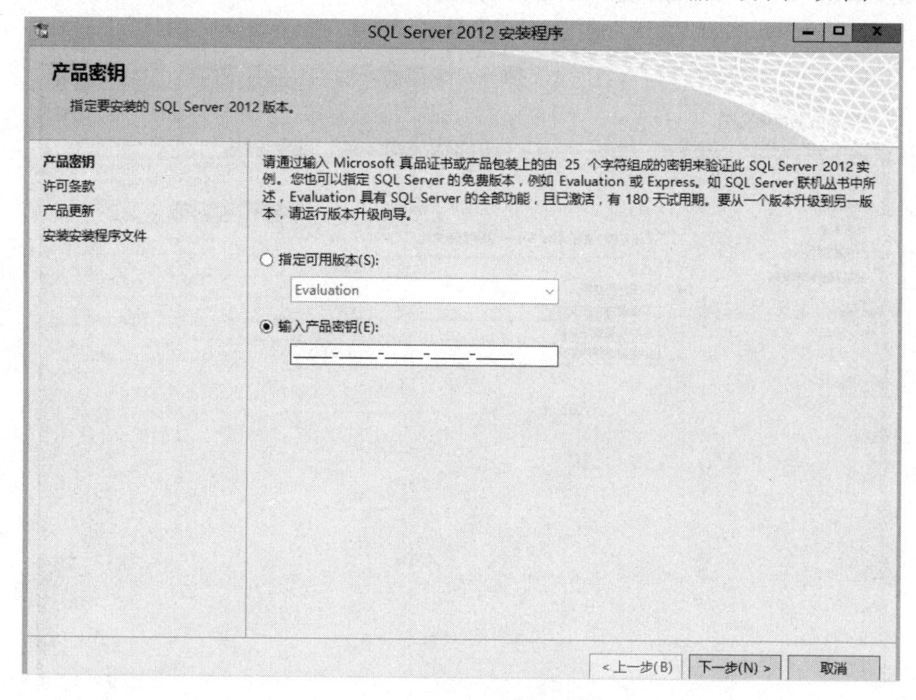

图 1-14　产品密钥输入界面

（4）输入密钥后，单击“下一步”按钮，接受许可条款，如图 1-15 所示。

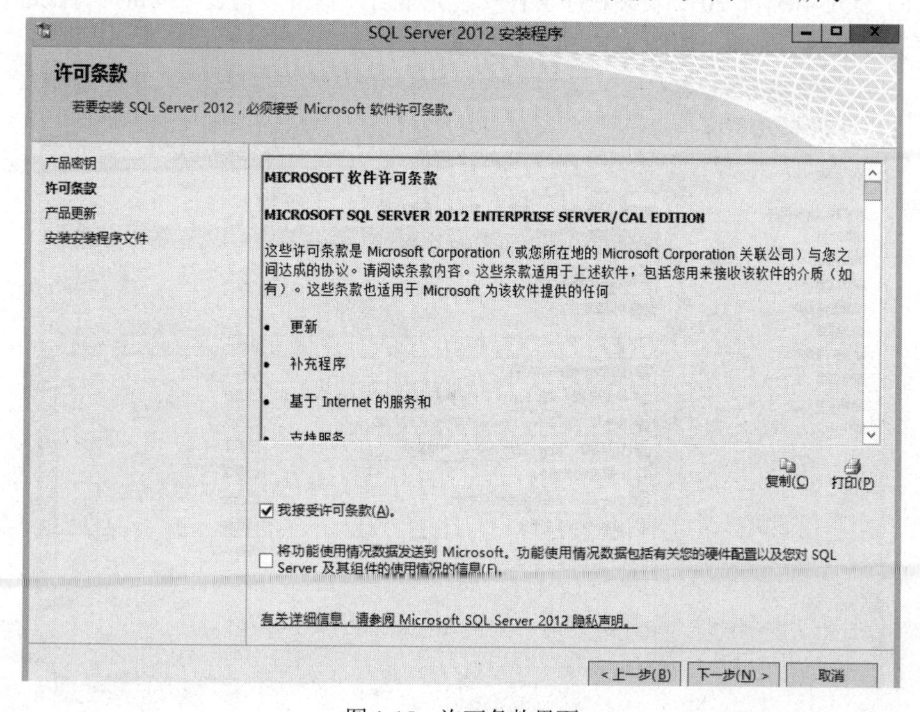

图 1-15　许可条款界面

（5）单击“下一步”按钮，开始安装 SQL Server 2012 安装程序文件，如图 1-16 所示。

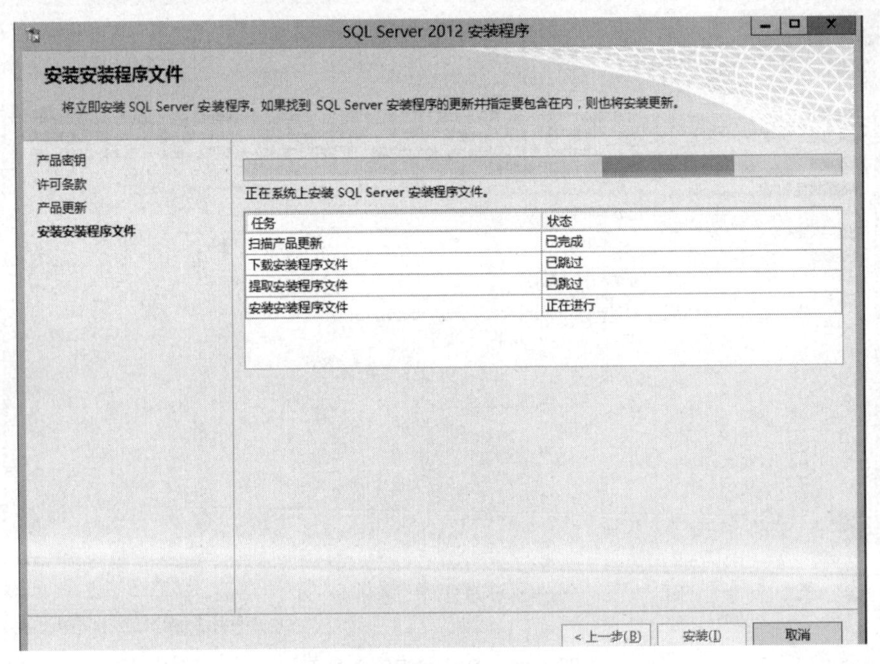

图 1-16　安装程序文件界面

（6）SQL Server 2012 安装程序文件安装完毕后，单击“安装”按钮，再次进入“安装程序支持规则”界面，如图 1-17 所示。

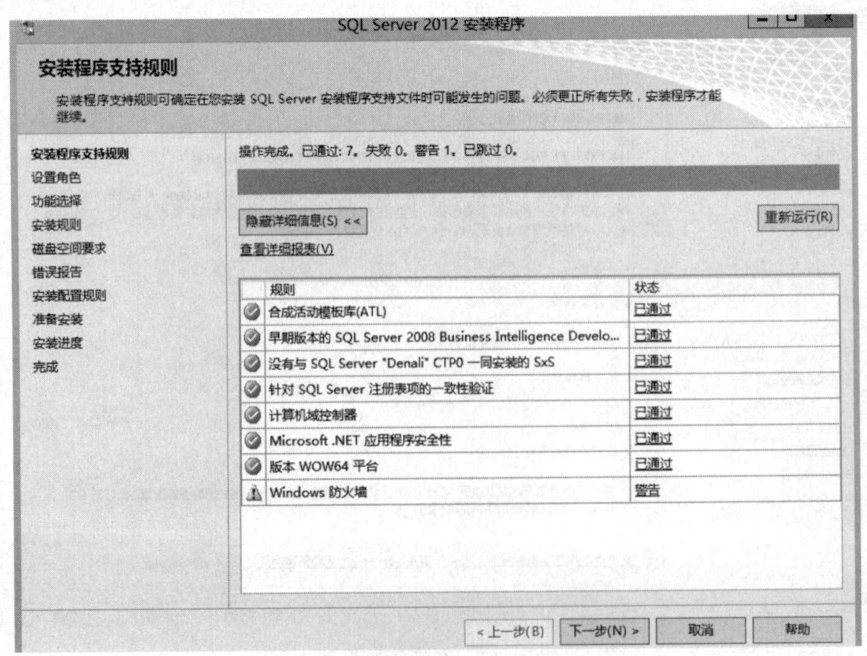

图 1-17　“安装程序支持规则”界面

（7）在检测规则通过后，单击“下一步”按钮，进入“设置角色”界面，如图 1-18 所示。选中“SQL Server 功能安装”单选按钮，然后单击“下一步”按钮。

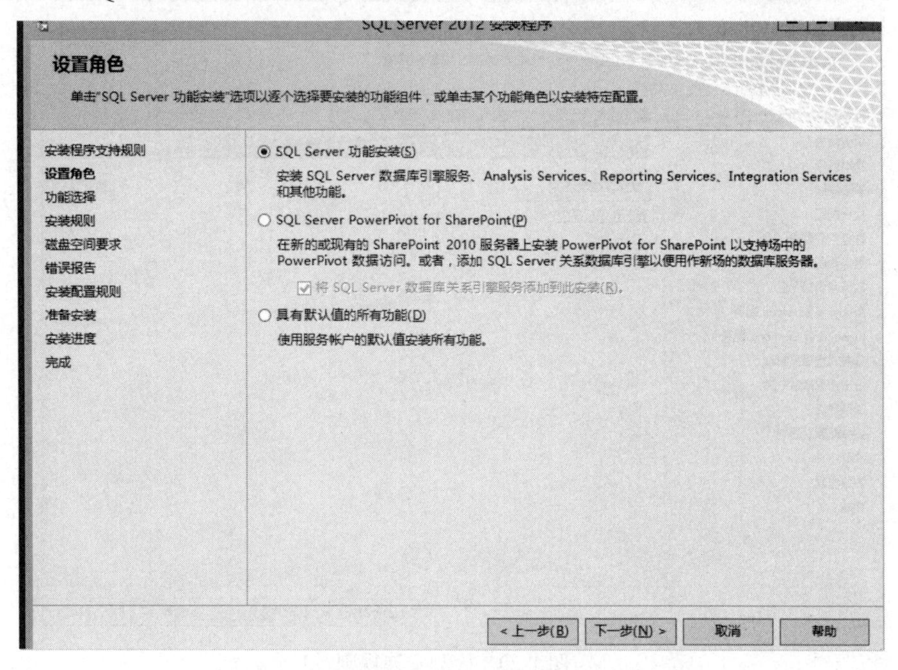

图 1-18　“设置角色”界面

（8）在“功能选择”界面中单击“全选”按钮，选择所有功能，并设置软件的安装位置，然后单击“下一步”按钮，如图 1-19 所示。

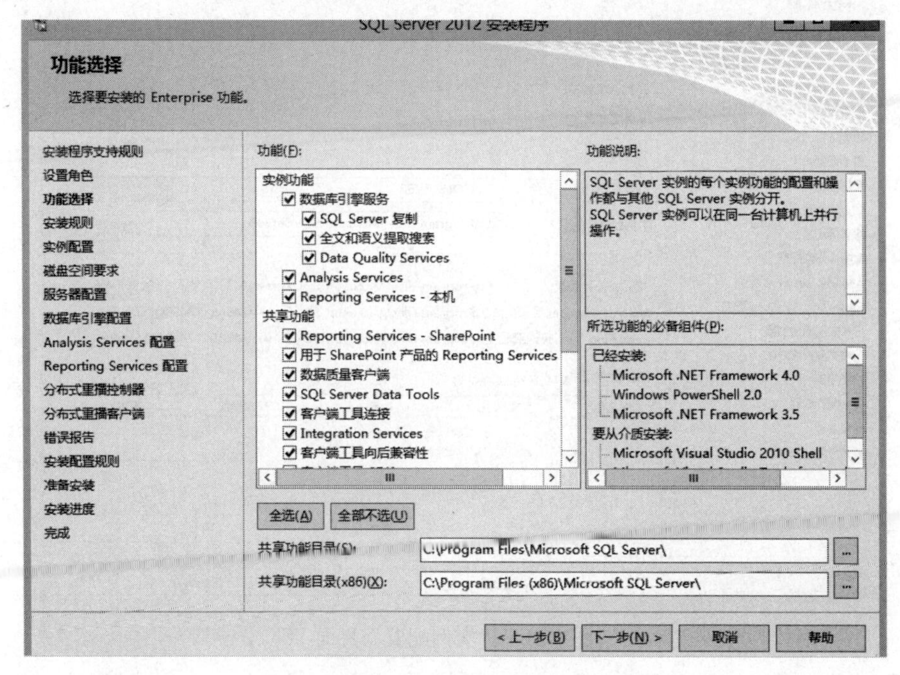

图 1-19　进行功能选择

（9）安装规则检测完成后，单击“下一步”按钮，如图 1-20 所示。

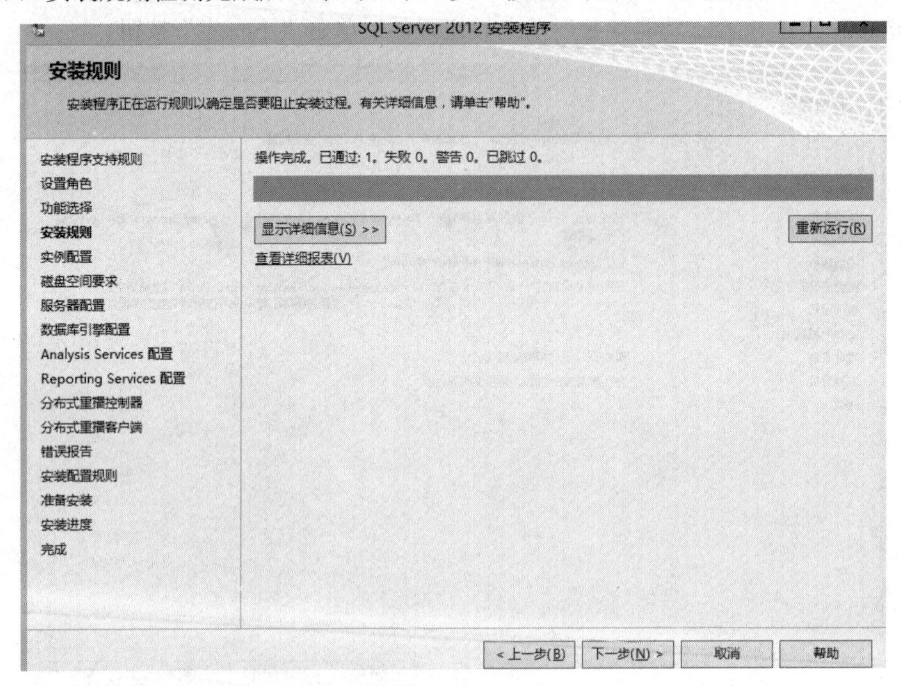

图 1-20　检测安装规则

（10）设置实例 ID 和根目录，如图 1-21 所示，然后单击“下一步”按钮。

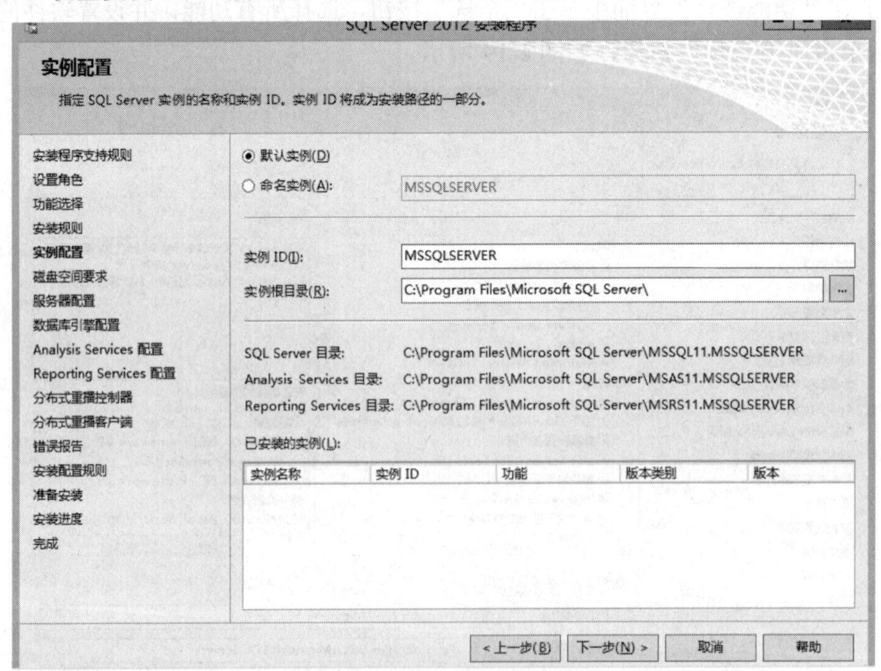

图 1-21　“实例配置”界面

（11）此时系统将开始计算磁盘空间需求，如图 1-22 所示。

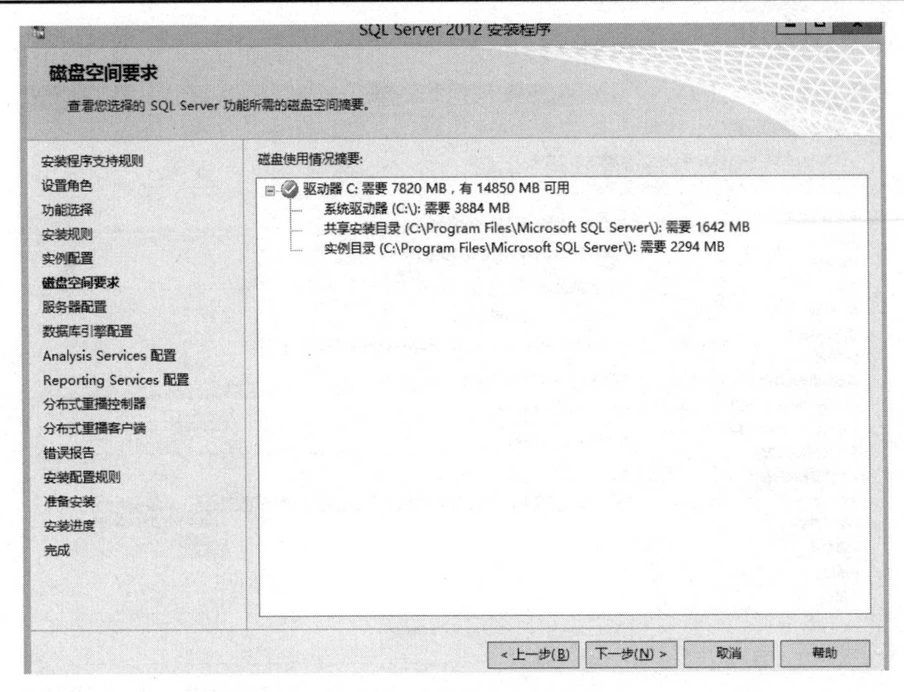

图 1-22　计算磁盘空间要求

（12）继续单击“下一步”按钮，进行服务器配置，如图 1-23 所示。

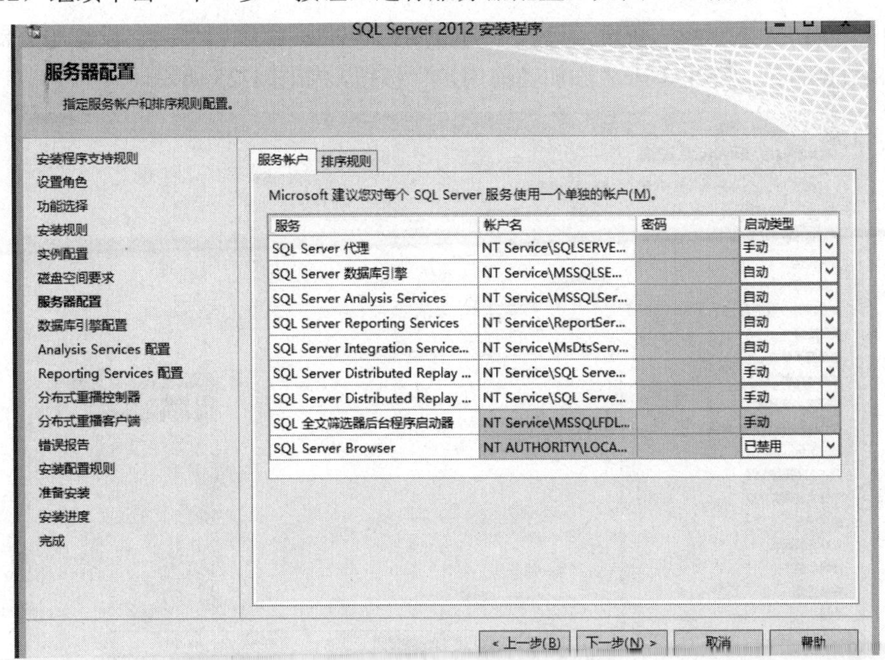

图 1-23　进行服务器配置

（13）单击“下一步”按钮，进行数据库引擎配置。这里选中“混合模式（SQL Server 身份验证和 Windows 身份验证）”单选按钮并设置密码，然后单击“添加当前用户”按钮，如图 1-24 所示。

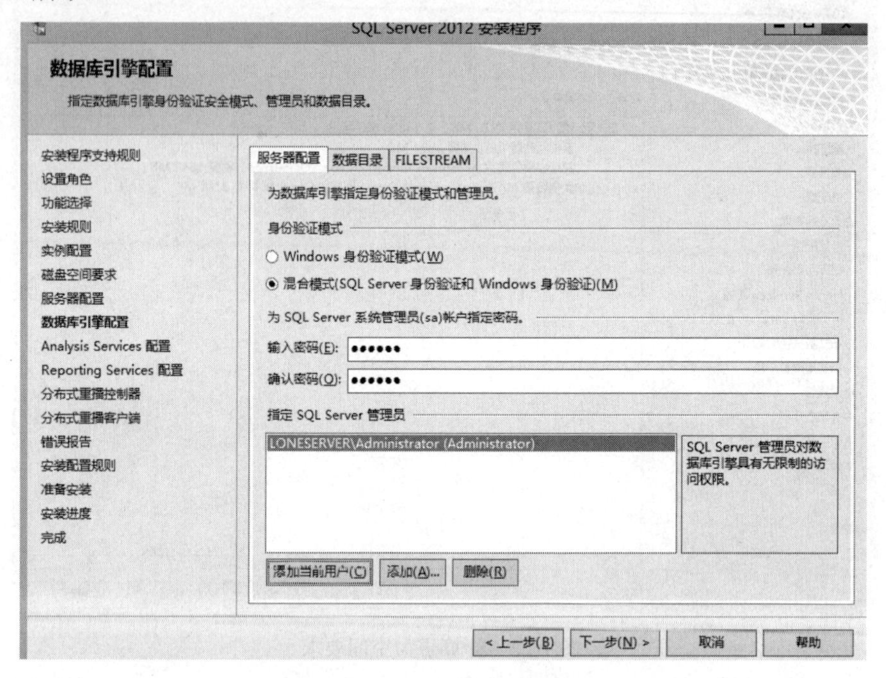

图 1-24　进行数据库引擎配置

（14）单击“下一步”按钮，进入“Analysis Services 配置”界面，设置服务器模式、管理员和数据目录。这里单击“添加当前用户”按钮，如图 1-25 所示。

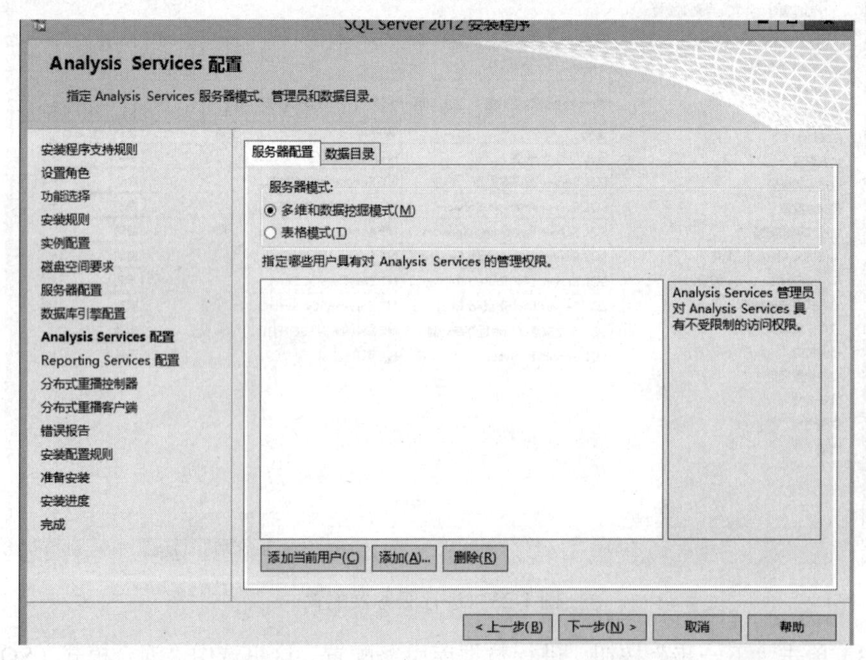

图 1-25　“Analysis Services 配置”界面

（15）继续单击“下一步”按钮，进行 Reporting Services 配置，如图 1-26 所示。

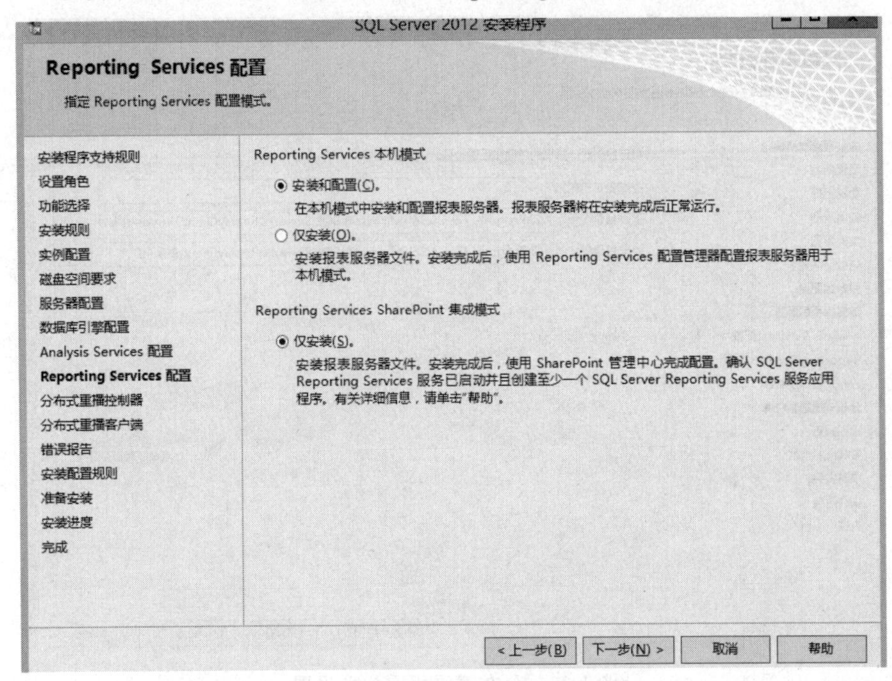

图 1-26　进行 Reporting Services 配置

（16）单击“下一步”按钮，进行分布式重播控制器设置，如图 1-27 所示。单击“添加当前用户”按钮，然后单击“下一步”按钮。

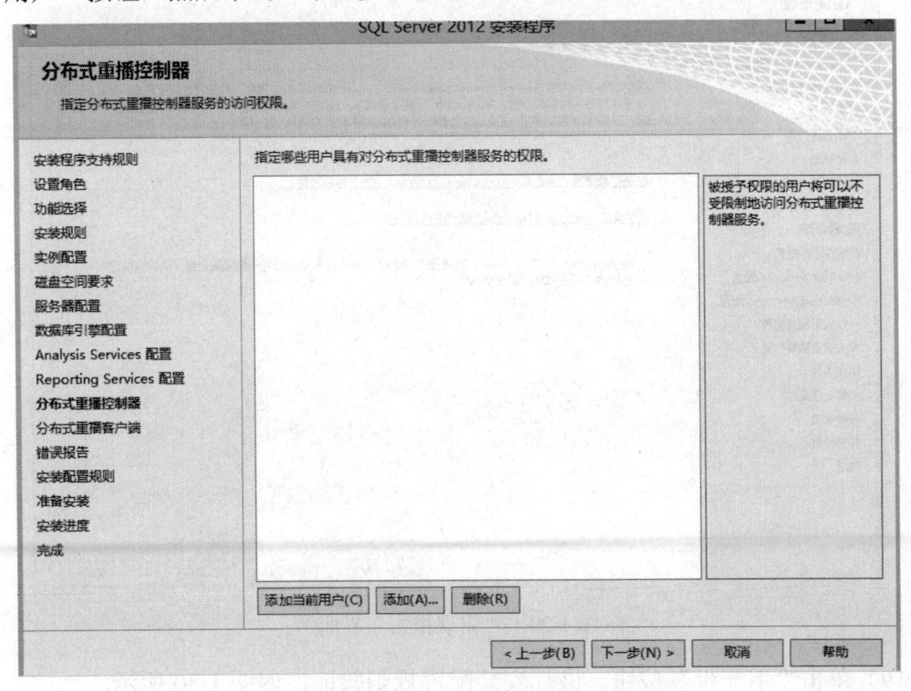

图 1-27　分布式重播控制器设置

（17）进行分布式重播客户端设置，如图 1-28 所示，然后单击“下一步”按钮。

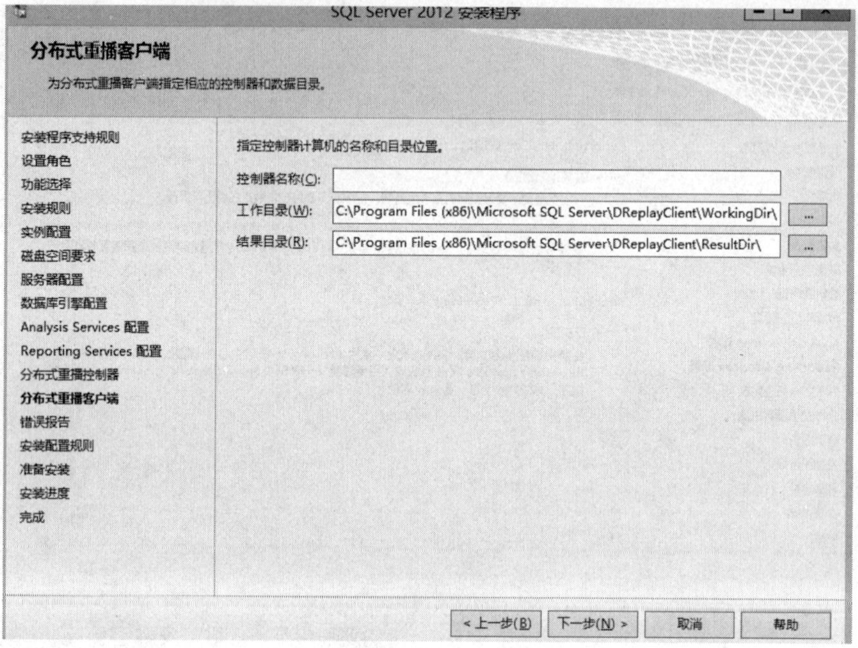

图 1-28　分布式重播客户端设置

（18）显示错误报告，如图 1-29 所示。

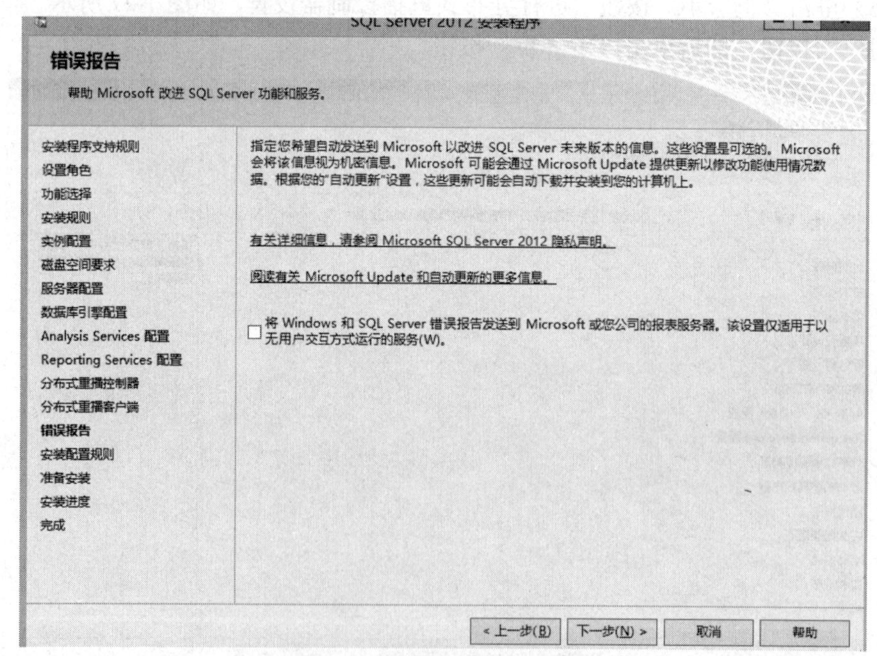

图 1-29　“错误报告”界面

（19）单击“下一步”按钮，进行安装配置规则验证，如图 1-30 所示。

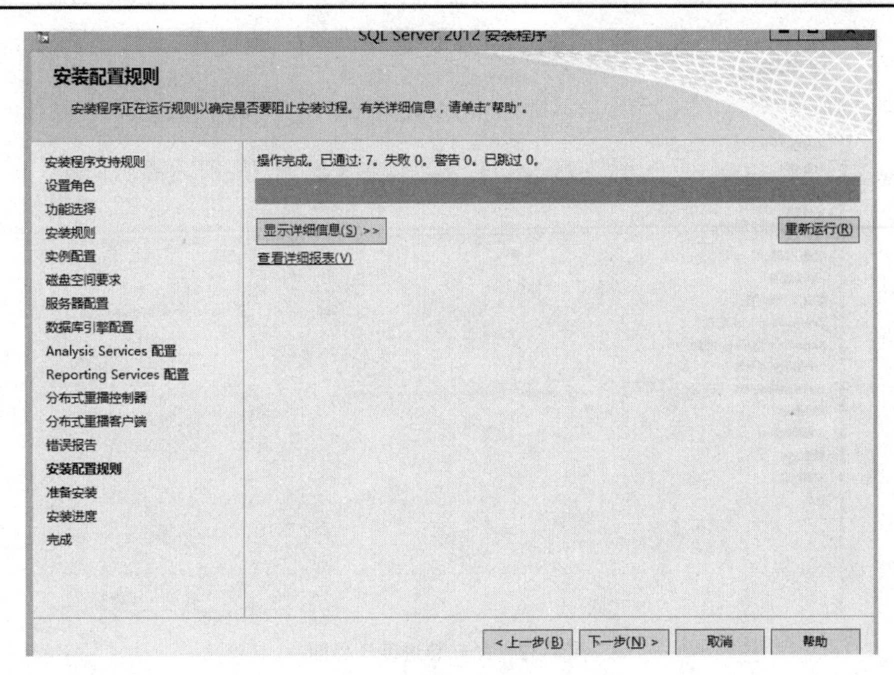

图 1-30　“安装配置规则”界面

（20）安装规则检测通过后，单击“下一步”按钮，进入“准备安装”界面，如图 1-31 所示。

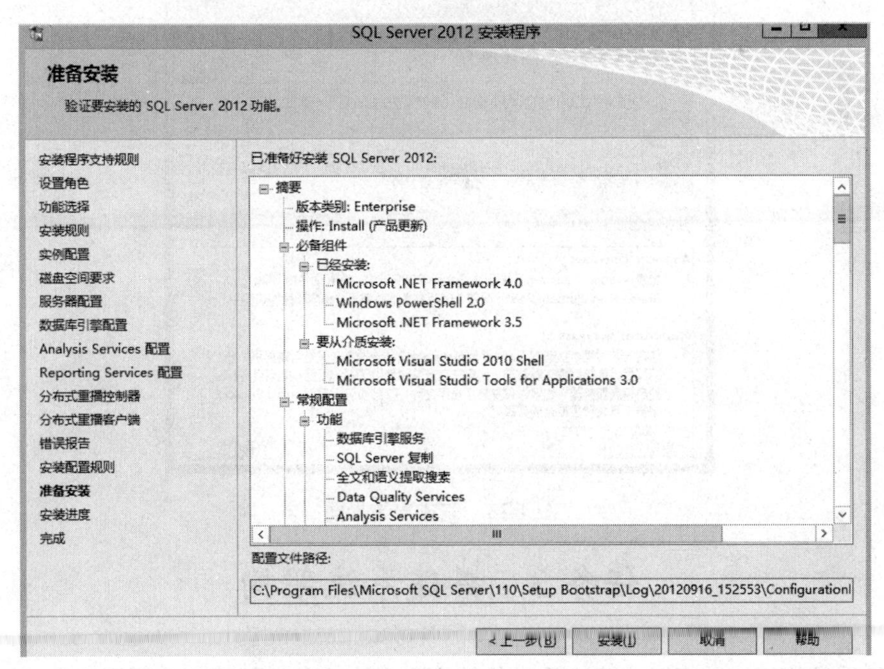

图 1-31　“准备安装”界面

（21）单击“安装”按钮，开始安装 SQL Server 2012 软件，并显示安装进度，如图 1-32 所示。

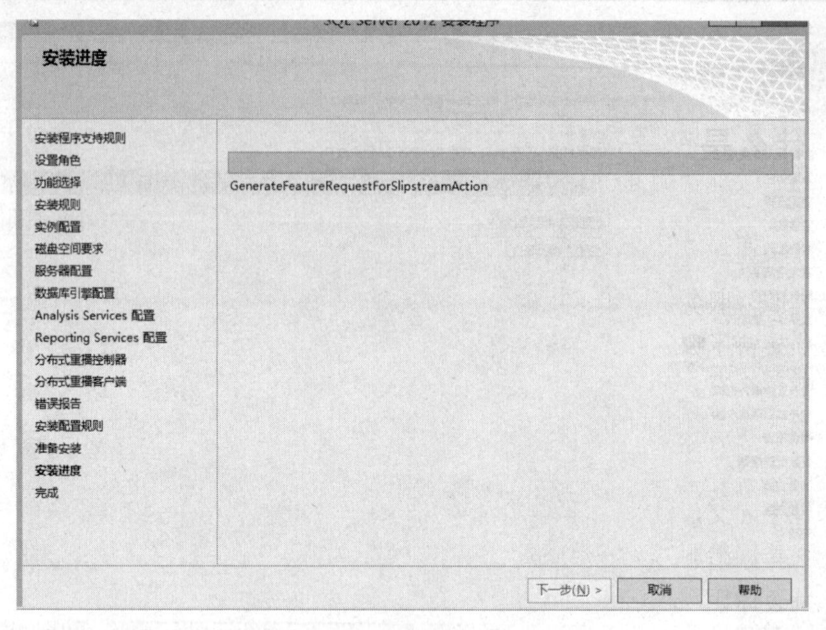

图 1-32 “安装进度”界面

（22）SQL Server 2012 安装完成后，单击“下一步”按钮，即可完成安装，如图 1-33 所示。

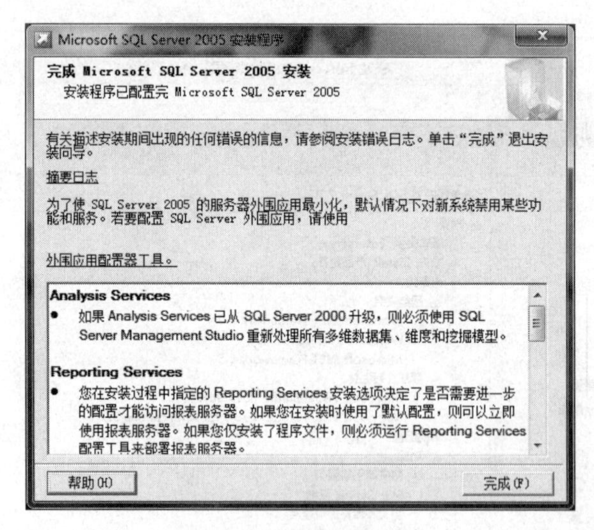

图 1-33 完成安装界面

任务 3 搭建系统架构

进行系统构架，是指对已确定需求的技术实现构架和做好规划，运用成套、完整的工具，在规划的步骤下去完成任务。

本网站项目将采用三层架构进行搭建，因此本任务将首先来认识什么是三层架构。

相关知识

1.3.1 什么是三层架构

在饭店中一般有 3 种人员：服务员、厨师和采购员。他们分别担任着不同的角色，服务员主要负责接待顾客和提交菜单，厨师主要负责炒菜和交菜，采购员主要负责采购食料。他们各司其职，服务员不用了解厨师如何做菜，不用了解采购员如何采购食材；厨师不用知道服务员接待了哪位客人，不用知道采购员如何采购食材；同样，采购员不用知道服务员接待了哪位客人，不用知道厨师如何做菜。

顾客直接和服务员打交道。当顾客和服务员说“我要一个炒茄子”时，由于服务员不负责炒菜，所以他会把请求往上递交，传递给厨师。厨师接到菜单后，看到需要茄子，也会把请求往上递交，传递给采购员，由采购员从仓库里取来茄子传回给厨师。厨师做好炒茄子后，又传回给服务员，由服务员把茄子呈现给顾客。这样，就快速而高效地完成了一个完整的任务操作。

这里，服务员、厨师和采购员代表着 3 种不同的层次，面对和处理的是不同的问题。“服务员”层不处理任何问题，只负责接洽顾客，并对顾客的需求进行上传。“厨师”层接到顾客任务后，负责任务的具体实施，但实施前需要调用“采购员”层，让其为任务准备原材料。可见，通过这样 3 个层次的设计，复杂的任务将会变得非常简单，解决起来也非常高效。

在软件开发中，为了提高效率，也有类似的三层架构设计。其中，“服务员”层类似用户表示层，“厨师”层类似业务逻辑层，“采购员”层类似数据访问层，它们的类比关系如图 1-34 所示。

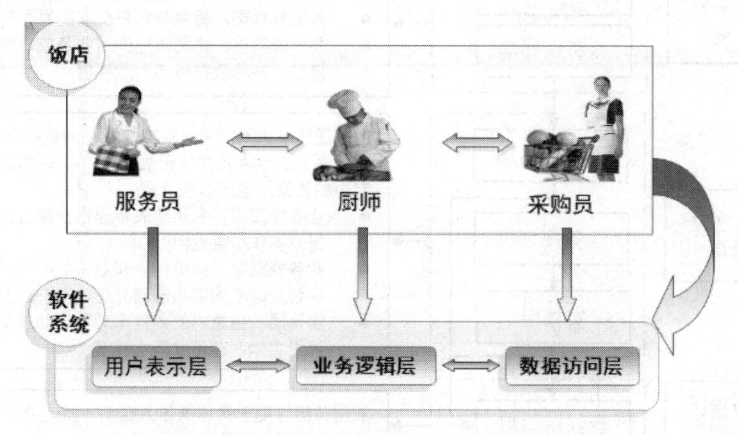

图 1-34 饭店中的 3 种角色与软件系统的三层架构

1.3.2 理解三层架构

通常意义上的三层架构（3-tier architecture），指的是将整个业务应用划分为 3 个层次：用户表示层（user show layer，USL）、业务逻辑层（business logic layer，BLL）和数据访问层（data access layer，DAL）。其中，各层的功能和作用如下所述。

1. 用户表示层

用户表示层负责处理用户的输入信息和向用户输出信息，但并不负责解释其含义。出于效率考虑，该层在向业务逻辑层传递输入信息之前，有时会进行合法性验证。用户表示层通常采用前端工具进行开发。

通俗地讲，用户表示层就是展现给用户的界面，即用户在使用一个系统时的所见即所得。表示层不处理用户提出的任何要求，但可对用户的任务要求进行“上传下达”。

2. 业务逻辑层

业务逻辑层负责用户问题的具体解决。在接受了用户表示层传来的用户问题后，针对具体问题进行操作（所需数据需要由数据访问层提供）。

业务逻辑层是数据访问层和用户表示层之间的纽带，用于建立实际的数据库连接，可根据用户的请求生成检索语句或更新数据库，并会把结果返回给前端界面显示。

3. 数据访问层

数据访问层主要负责实际数据的存储和检索，该层在接受了来自业务逻辑层的数据请求后，对数据库进行具体的增、删、改、查等操作。

软件项目开发中，区分层次的目的是为了实现高内聚、低耦合，使得软件开发的效率更高。

三层架构中，各层的详细功能如图 1-35 所示。

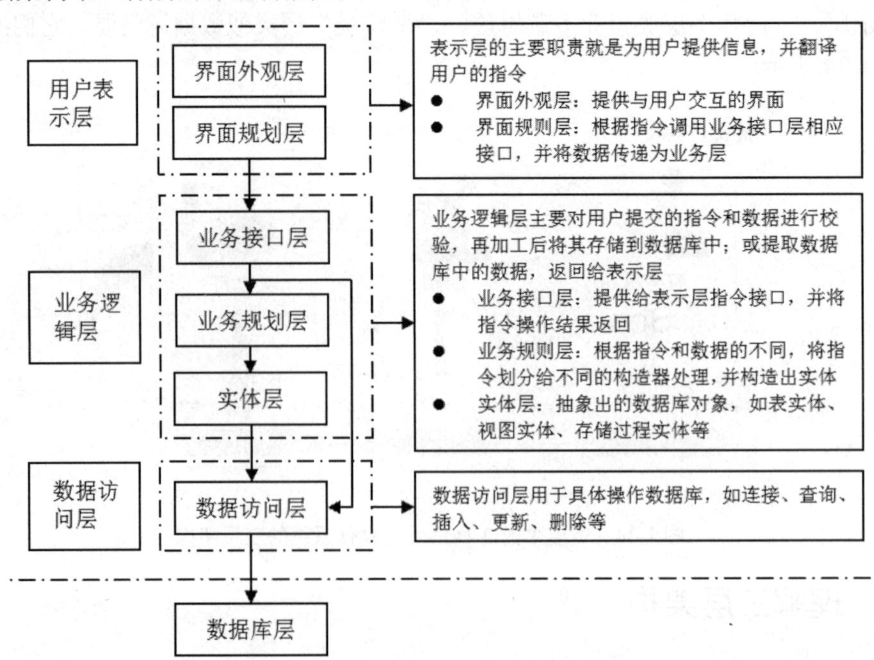

图 1-35　三层架构中各层的详细功能

任务实施

本项目网站采用 B/S 结构，主要版块包括公司介绍、新闻中心、产品信息、服务与支持、招贤纳士、联系我们等。

为了开发该网站，实现三层结构，在 Visual Studio 2015 中需要创建如图 1-36 所示的项目工程结构。其中，App_Code 目录下的 BLL 目录是业务逻辑层对应的代码文件，DAL 目录和 Model 目录是数据访问层对应的代码文件，其他.aspx 文件则是用户表示层对应的代码文件。

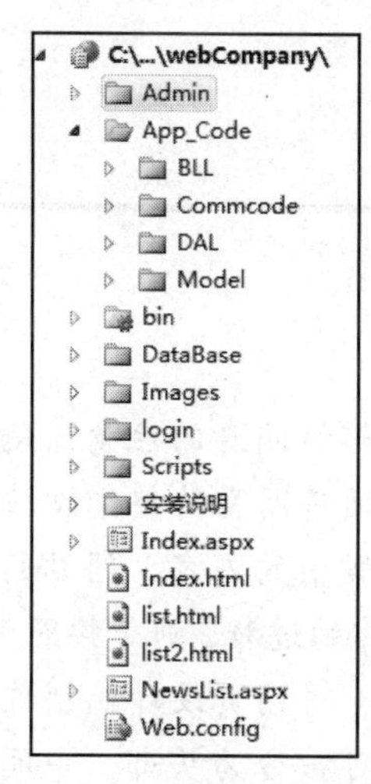

图 1-36　项目工程结构图

项目总结

在本项目中，主要介绍了项目需求、开发环境、系统架构等，最后通过生活中的例子，形象介绍了三层结构以及每一层的功能。

拓展训练

1．描述用 ASP.NET 开发网站需要做的准备工作。

2．描述三层结构的工作原理。

项目2 主页设计

项目引入

一个成功的网站，必须能够引起访问者的注意，使浏览者在访问之余产生视觉上的愉悦感。因此，在进行网页创作时必须将网站的整体设计与网页设计的相关原理结合起来。

网站设计的过程，就是将策划案中的内容、网站的主题模式以及个人的认识，通过艺术手法表现出来的过程；而网页制作的过程，则是按照W3C（万维网联盟）规范，用HTML（标准通用标记语言下的一个应用）将网页设计稿制作成网页格式文档的过程。

本项目中，皮具公司网站主页可被分为头部、中间、底部三大部分。由于中间部分内容较多，又把它分为上、中、下3个部分。主页的显示效果如图2-1所示。

图2-1 主页效果

项目分解

在本项目中，通过完成以下3个任务，来掌握网站中页面设计的方法和技巧。

任务1：主页整体布局。

任务2：导航菜单的制作。

任务3：中间部分的设计。

任务1 主页整体布局

网站首页关乎着用户对网站的第一印象，可谓非常重要。

网站首页的布局可从主题、导航、内容等方面入手。主题可帮助用户快速了解网站的性质，确定网站是做什么的。主题多体现在网站标题、关键词的描述上，尤其是标题，这是因为用户在搜索引擎上看到的搜索结果就是网站的标题与描述内容。首页主题还体现在Logo上。准确概括的网站主题可以帮助用户更好地界定网站，以及更好地宣传推广自己。

网站导航可以看作是对网站内容的分类。对网站的内容进行细分后，用户可根据需要快速找到并浏览自己需要的栏目和页面，增加体验度和好感。因此，网站首页的导航必须做到分类清晰，各栏目之间不能重复。

设置好页面导航之后，就可以对页面内容进行布局了。首先要对网站的用户群体进行需求分析，把用户最关注的内容放在首页最重要的位置。一般情况下，要根据用户的关注度和浏览习惯，按照页面内容的重要程度，按左上到右下的顺序来进行内容布置。也就是说，最重要的内容要放置在首页左上位置，而广告或不太重要的内容可放置在页面的右下位置。

除此之外，还需注意合理安排页面的呈现尺寸，综合考虑网站的下载及打开速度，以及友情链接的合理布置等。

相关知识

2.1.1 网页布局概述

在网页设计中，网页布局的效果会直接影响到网页设计的质量。

在搭建网站过程中，色彩搭配、文字变化、图片处理等，都是影响一个网页美观与否的重要元素。除此之外，还有一个非常重要的因素，就是网页的布局。不同类型的网站采用不同的布局，不但能使网站结构更合理化，也可以使访问者一看就明白这个网站是做什么的。

目前，网站中常见的页面布局方式有两种：表格布局方式和CSS+DIV布局方式。

1. 表格布局

表格是一种简明、扼要而且内容丰富的组织和显示信息的方式，在文档处理中占有十分重要的位置。使用表格既可以在页面上显示表格式数据，也可以进行文本和图形的布局。

表格布局方式简单、灵活，是最早也是目前应用最广泛的网页布局技术。通过使用相关的表格标签，如table、th、tr、td、caption、thread、tfoot、tbody、col等，以及对表格单元格进行合并或拆分、在表格中嵌套表格等操作，可以得到各种需要的页面布局效果。

表格布局的优势在于它能对不同对象进行处理，而又不用担心各对象之间的影响，而且在定位图片和文本时非常方便。但当使用的表格过多时，页面下载速度将会受到影响。另外，表格布局方式的灵活性较差，不易于进行修改和扩展。

2. CSS+DIV 布局

CSS+DIV 是网站标准（或称 Web 标准）中的常用术语之一。在 XHTML（可扩展超文本标记语言）网站设计标准中，不再使用表格定位技术，而是采用 CSS+DIV 方式来实现各种定位。

DIV 是 HTML 标记集中的标记，主要用来为 HTML 文档内的大块内容提供布局结构和背景。可以将 DIV 理解为“层”的概念。

CSS 是一种格式化网页的标准方式，在网页中使用 CSS 技术，不仅可以控制大多数传统的文本格式，还可以有效地对页面的布局、颜色、背景和其他效果实现精确的控制。

利用 CSS+DIV 方式来进行网页布局，其实就是用 DIV 盒模型结构把各部分内容划分到不同的区块，然后用 CSS 来定义盒模型的位置、大小、边框内、外边距排列方式等。简单地说，DIV 用来搭建网站框架结构，CSS 用于美化网站表现样式。

CSS+DIV 布局方式中，只要对相应的 CSS 代码进行简单的修改，就可以改变同一页面中不同部分的效果，或者不同页面中网页的外观和格式。剥离了 CSS 后，页面将只剩下内容部分，所有修饰部分（包括背景、字体样式、高度等）都会消失。

使用 CSS+DIV 布局需要编写大量 CSS 样式代码，以控制各布局的 DIV 层。因此，掌握它相对表格布局会困难一些。但 CSS+DIV 布局较表格布局更加灵活、实用，网站布局后很容易就能调整网站的布局结构；而且，CSS+DIV 布局的各布局 DIV 层可以依次下载显示，因此其访问速度较表格布局要快很多。

2.1.2 CSS 语法基础

CSS 的中文名称是层叠样式表（cascading style sheets），它是一种标记语言，不需要进行编译便可以直接由浏览器执行。样式通常存储在样式表中，外部样式表通常存储在 CSS 文件中。通过调用外部样式表，可以极大地提高网页设计的效率。

1. CSS 的基本语法格式

通常情况下，CSS 的语法包括 3 个方面：选择器、属性、值。其写法如下：

```
选择器 { 属性: 属性值; }
```

例如：

```
p{color:#ff0000; background:#000000;}
```

其中，p 为选择器，指明了下面是在给 p 定义样式；样式声明写在一对大括号“{}”中；color 和 background 称为“属性”，不同属性之间用“;”分隔，#ff0000 和#000000 是属性的值。

1）选择器

选择器中常用的是通配选择器、类型选择器、包含选择器、ID 选择器、类选择器。

（1）通配选择器。通配选择器的写法是“*”，含义就是所有元素。例如：

```
* {font-size:12px;}
```

这里，font-size 属性表示字体大小，px 是像素。该样式实现的效果如下：页面中所有文本的字体大小为 12 px。

（2）类型选择器。类型选择器就是以文档语言对象类型作为选择器，即使用结构中元素名称作为选择器，如 body、div、p 等。例如：

```
div {font-size:12px;}
```

该样式实现的效果如下：页面中所有 div 元素包含内容的字体大小为 12 px。注意：所有的页面元素都可以作为类型选择器。

（3）包含选择器。包含选择器的语法格式为“选择器 1 选择器 2”，两个选择器之间用空格分隔，含义是所有选择器 1 中所包含的选择器 2。例如：

```
div p{font-size:12px}
```

该样式实现的效果如下：所有被 div 元素包含的 p 元素中，文本的字体大小为 12 px。

可以使用包含选择器给一个元素内的子元素定义样式。例如：

```
ul li{font-weight:bold;}                    //定义 ul 内 li 标签的样式
p span a{font-weight:bold;}                 //定义段落下 a 标签的样式
```

（4）ID 选择器。ID 选择器的语法格式是“#”加上自定义的 ID 名称。例如：

```
#name{font-size:12px;}
```

该样式实现的效果如下：所有调用 ID 名称为 name 的页面元素中，文本的字体大小为 12 px。

ID 选择器的名称在页面中是唯一的。如果在页面中定义了 ID 选择器的名字为 name，则页面中其他 ID 选择器的名称不能定义为 name。

（5）类选择器。类选择器的语法格式是“.”加上自定义的类名称。例如：

```
.center{text-align:center;}
```

该样式实现的效果如下：在所有调用类名称为 center 的元素中，文本居中排列。

类选择器的名称在页面中不是唯一的，可以通过定义相同的类名来调用同一个样式。注意：类名的第一个字符不能使用数字。

（6）选择器分组。可以对选择器进行分组，这样，被分组的选择器就可以分享相同的声明，从而有助于优化样式表，提高效率。通常是用逗号将需要分组的选择器分开。

例如：

```
h1{color:green;}
h2{color:green;}
h3{color:green;}
```

分组后，代码可以优化为：

```
h1,h2,h3{color:green;}
```

2）属性和值

属性是CSS中最重要也最复杂的部分。常用的属性有字体属性（font）、文本属性（text）、背景属性（background）、定位属性（position）、浮动属性（float）、边界属性（margin）、边框属性（border）、补白属性（padding）、列表项目属性（list）、表格属性（table）等。

根据CSS规则，子元素将从父元素继承属性。例如：

```
body {font-family:Verdana, sans-serif;}
```

上述代码中，body元素使用了Verdana字体。通过CSS继承，子元素将继承body的所有属性，如p、td、ul、ol、ul、li、dl、dt、dd等。

不妨思考一下：如果不希望“Verdana, sans-serif”字体被所有的子元素继承，例如，希望段落的字体是Times，又该怎么做呢？代码可以这样写：

```
p {font-family:Times, "Times New Roman", serif;}
```

属性和值的知识是CSS应用的主体部分，将在以后的应用中逐一进行介绍。

2. CSS的命名规范

制作网页时，会用到大量的自定义类选择符和ID选择符。该如何有效地命名这些选择符呢？

通常根据页面中模块的功能进行语义化命名。例如，页面头部使用header，导航栏使用nav，主体使用main，侧边栏使用sidebar，底部使用footer，新闻列表使用newsList等。这样，整个页面看起来就很清晰，维护起来也比较方便。

部分内容的习惯命名方法参见表2-1。

表2-1　部分习惯的命名方法

模　块	推荐命名	模　块	推荐命名
主导航	mainnav	左侧栏	leftsidebar
子导航	subnav	右侧栏	rightsidebar
页脚	footet	标志	logo
内容	content	标语	banner
头部	header	子菜单	submenu
底部	footer	注录	note
商标	label	容器	container
标题	title	搜索	search
顶导航	topnav	登录	login
侧栏	sidebar		

命名方法有两种：结构化命名方式和语义化命名方式。两者的具体差别如图2-2所示。

因为页面中的细节内容不同，所以没有适合所有页面的详细命名规范。不同的开发团队也可能有自己的命名规则。总之，命名只要合乎Web标准中“结构和表现相分离”的思想，做到合理易用就可以。

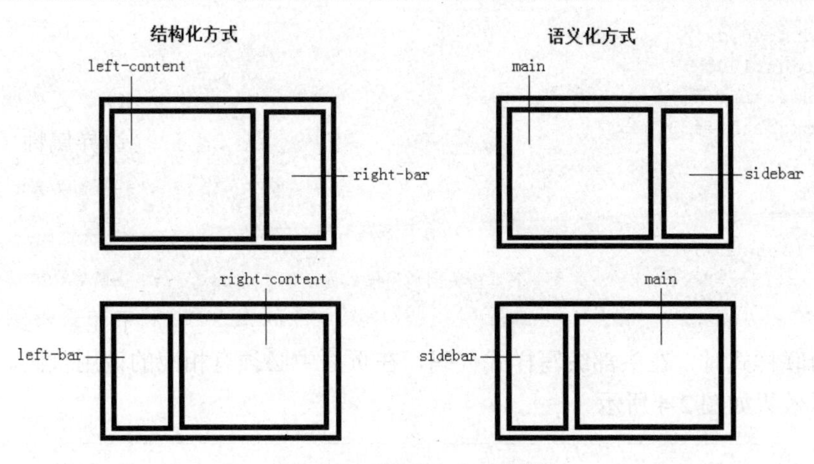

图 2-2　两种命名方式比较

3. CSS 的调用

当一个 HTML 元素被不止一个样式定义时，会优先使用哪种样式呢？这涉及不同样式定义之间的优先级问题。

CSS 中，元素可使用或调用的样式通常包括如下 4 种。

❖ 浏览器的默认样式。

❖ 内联样式：即元素中直接编写的样式代码，通常位于<style>标签内。

❖ 内部样式表：即将样式代码写在页面头部（通常位于<head>标签内部），然后在页面中进行调用。

❖ 外部样式表：即将样式代码写在独立的.css 文件中，然后在页面中通过链接或引用的形式进行调用。

其中，内联样式拥有最高的优先级。

示例 1：内联样式的应用。

```
<div style="width:400px; height:100px; background-color:#cccccc;font-size:18px;">
这是一个在元素中直接使用样式的示例。</div>
```

该样式中，定义了元素宽度为 400 px，高为 100 px，背景颜色为浅灰色，字体大小为 18 px。其显示效果如图 2-3 所示。

图 2-3　元素中直接使用样式的显示效果

示例 2：内部样式表及其调用。

```
<head>                                                  <!--页面头部内容开始-->
<title>头部调用样式</title>
<style>                                                 <!--定义 CSS 样式-->
.content{
```

```
    width:400px;
    height:100px;
    color:#ffffff;
    background:#333333;}
</style>
</head>                                                    <!--页面头部内容结束-->

<body class="body">
   <div class="content">这是一个页面头部调用样式的示例。</div>  <!--调用 CSS 样式-->
</body>
```

使用内联样式时，在头部编写样式代码，在页面中必须有相应的调用代码。示例 2 中页面的显示效果如图 2-4 所示。

图 2-4　元素调用头部样式的显示效果

示例 3：外部样式表及其调用。

在一些大型项目中，由于样式表文件很多，使用桥接样式表的方式可以更便捷、高效地管理这些样式。桥接样式表的调用原理如图 2-5 所示。

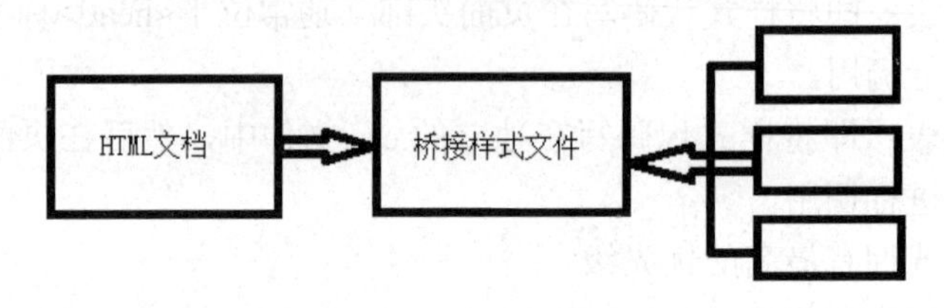

图 2-5　桥接样式表调用原理图

桥接外部样式表的语法格式如下：

```
@import url(color.css);
@import url(type.css);
```

注意：引用的样式表必须出现在其他规则之前，也就是说，@import 必须出现在任何常规样式表规则之前，可以在<style>标签或外部样式表中，否则会被忽略。只有这样才能保证正常的效果。

4. 编写高效的 CSS

（1）使用外联样式表代替内联样式和内部样式表。

不推荐使用：

```
<p style="color:red"></p>
```

或者是：

```
<style type="text/css"> p{color:red;}</style>
```

（2）使用组选择器。

推荐使用：

```
h1,h2,h3 {color:green;}
```

（3）使用继承。

不推荐使用：

```
td{font-size:12px;} p{font-size:12px;} li{font-size:12px;}...
```

应该这样写：

```
body{font-size:12px;}
```

（4）使用简记属性。

不推荐使用：

```
margin-top:1px; margin-left:2px; margin-right:3px; margin-bottom:4px;
```

应该这样写：

```
margin:1px 3px 4px 2px;
```

2.1.3　认识 CSS 盒模型

在 CSS 中，所有的文档元素都会生成一个矩形框。我们称这个矩形框为一个盒子，所有的页面布局都是围绕 CSS 盒模型进行的。

1. 认识 CSS 盒子模型

元素生成的矩形框通常由边界、边框、补白、宽度和高度组成，如图 2-6 所示。

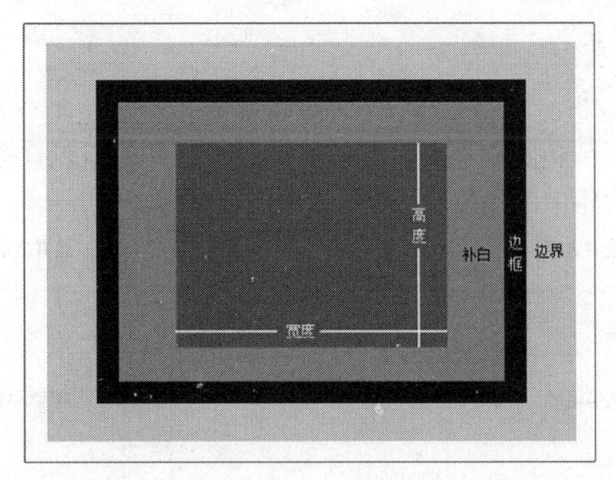

图 2-6　盒模型示意图

内容只能出现在盒模型中标有高度和宽度的部分。也就是说，除高度和宽度所包含的区域以外，盒模型其他部分是没有内容的空白区域，将显示元素本身的背景或包含元素的父元素的背景。

当内容部分大于定义的容器空间时，内容的显示顺序是从左向右显示。当内容超出定义的容器宽度时，会自动换行显示。

CSS 盒模型是进行网页布局时必须用到的，最常用的属性是 margin 和 padding。其中，

margin 表示边界，又称为外边距；padding 表示边框，又称为内边距。它们分别有 top（上）、bottom（下）、left（左）、right（右）4 个属性。

假设一个元素框有 10 px 的外边距和 5 px 的内边距，如果该元素框的总宽度为 100 px，则应设置其内容区域的宽度为 70 px。代码如下：

```
#box {width:70px; margin:10px; padding:5px;}
h1 {margin:10px 0px 15px 5px;}
```

注意：top、bottom、left、right 4 个属性的设置顺序为上右下左，即沿顺时针方向依次进行设置。上述代码对应的 CSS 盒子模型如图 2-7 所示。

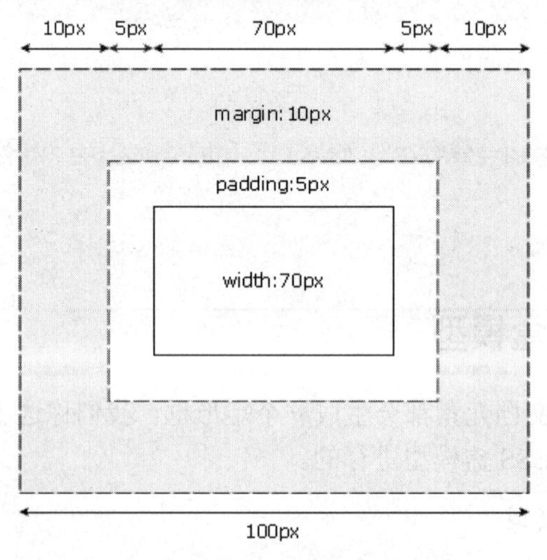

图 2-7　CSS 盒子模型

2. CSS 外边距合并

当两个 CSS 盒子靠近时，会发生什么事儿呢？会发生外边距合并。

例如，当两个垂直外边距相遇时，它们将形成一个外边距，且合并后的外边距高度等于两个发生合并的外边距中的高度较大者，如图 2-8 所示。

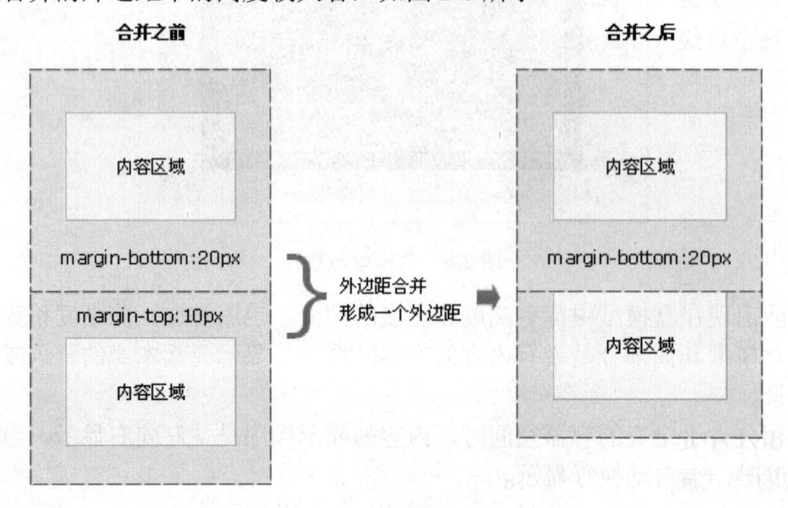

图 2-8　合并前后（1）

当一个元素包含在另一个元素中时（假设没有内边距或边框把外边距分隔开），它们的上和/或下外边距也会发生合并，如图 2-9 所示。

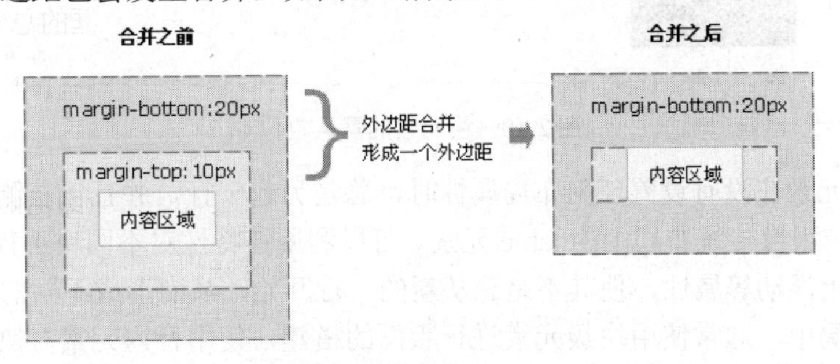

图 2-9　合并前后（2）

2.1.4　页面元素的定位和浮动

CSS 中，页面元素的定位方式通常有两种：一是采用浮动的定位方式；二是使用定位属性。制作页面时，通常会混合使用两种定位方式。当然，元素位置的精确控制还需要使用其他 CSS 属性。

1. 块级元素和行内元素

首先来看下页面中元素的默认定位方式是怎样的，即在不使用任何定位属性时，页面元素的排列方式是什么。

页面中的元素分为两类：块级元素和行内元素。

所谓行内元素，就是必须写在一行内的元素，如 a、span、strong 等。在没有任何布局属性作用时，行内元素的默认排列方式是同行排列，直到宽度超出包含它的容器宽度时，才自动换行。

块级元素就是 div、body、ul、p、h1 等这样的元素，可以将其理解为一个四方块，其中可以包含其他块级元素和行内元素。在没有任何布局属性作用时，其默认排列方式是换行排列，即每个块级元素都必须从新的一行开始。例如：

```
.div1{                                    /*定义块元素 div1*/
   width:200px;
   height:30px;
   background-color:#666666;}
.div2{                                    /*定义块元素 div2*/
   width:100px;
   height:30px;
   background-color:#000000;
   color:#ffffff;}

<div class="div1">第一个块元素</div>
   <div class="div2">第二个块元素</div>
```

这里，div1 中定义的样式属性如下：宽 200 px，高 30 px，背景为#666666（灰色）。div2 中定义的样式属性如下：宽 100 px，高 30 px，背景为#000000（黑色），文本颜色为#ffffff（白色）。该样式的网页效果如图 2-10 所示。

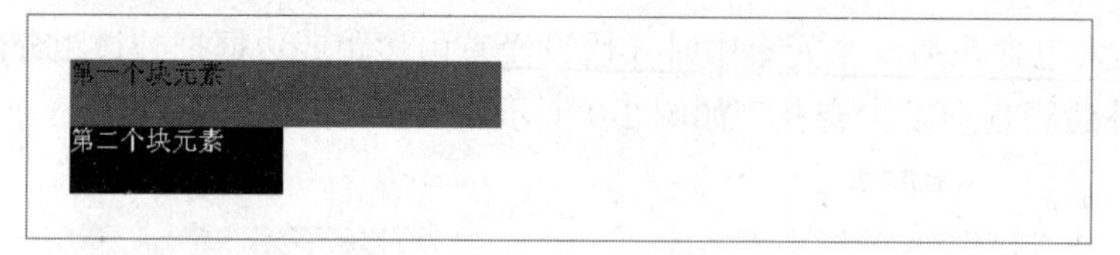

图 2-10　块元素的默认定位

可见，块元素在没有设置任何布局属性时，总是另起一行，并且以左侧对齐的方式排列下来。这一点很像传统布局中的 table 元素。可以利用该特性对不同块进行排列，也可以给块级元素加上浮动等属性，使其不是总从新的一行开始，从而形成不同的网页布局。

在网页布局中，通常使用块级元素进行版面的搭建，使用行内元素对块级元素里面的内容进行修饰。例如：

```
<div>ab<span>c</span>defg</div>
```

这里，div 为块级元素，span 为行内元素。

2. 页面元素的定位

网页布局中，要进行元素定位，涉及 3 个方面的内容：定位模式（position），边偏移（top、right、bottom、left），层叠定位元素（z-index）。

定位模式即 position 属性，常用的取值有两个：relative 和 absolute。其中，absolute 表示绝对定位，即元素将从页面元素中被独立出来，使用边偏移进行定位；relative 表示相对定位，即元素将保持原来的大小，偏移一定的距离。

边偏移包括 4 个属性：top、bottom、left 和 right，分别用于定义元素相对于其父元素上下左右边线的距离。该距离可以是长度值，也可以是百分比值。

层叠定位属性（即 z-index 属性），用来定义元素层叠的顺序。其取值为没有单位的数字值，并且可以取负数值。

在进行元素定位时，需要结合这 3 个属性，即用 position 属性确定定位模式，然后用边偏移属性定义元素的位置，最后用 z-index 属性确定多个元素之间的层叠关系。

1）绝对定位

绝对定位的命令格式如下：

```
div{position:absolute;}          //绝对定位
```

绝对定位中，定位的元素将从文档流中删除，其原先占用的空间将被关闭（就好像该元素之前不存在一样）。元素定位后，将生成一个块级框，而不论其在正常流中是什么样子。

可以这么理解：进行绝对定位的元素，其位置是相对于最近的已设置了相对定位的父元素，如果没有，那么其位置是相对于最初的包含块（body 的左上角）。

注意：使用绝对定位的元素会覆盖其他元素或者被其他元素覆盖。当使用边偏移属性确定元素的位置时，是指该元素相对于其父元素边线的距离。

示例：

```
body{
   background:#cccccc;}          /*定义页面背景*/
.content{
```

```
  position:absolute;              /*定位属性值为绝对定位*/
  top:50px;
  left:50px;
  width:200px;                    /*以下代码定义了元素本身的大小和背景*/
  height:80px;
  background:#666666;
  color:#ffffff;}

<div class="content">一个使用绝对定位的元素</div>
```

div 元素中定义的 CSS 属性为绝对定位，上边和左边各偏移 50 px，宽 200 px，高 80 px，背景颜色为灰色，字体颜色为白色。该样式应用于网页，效果如图 2-11 所示。

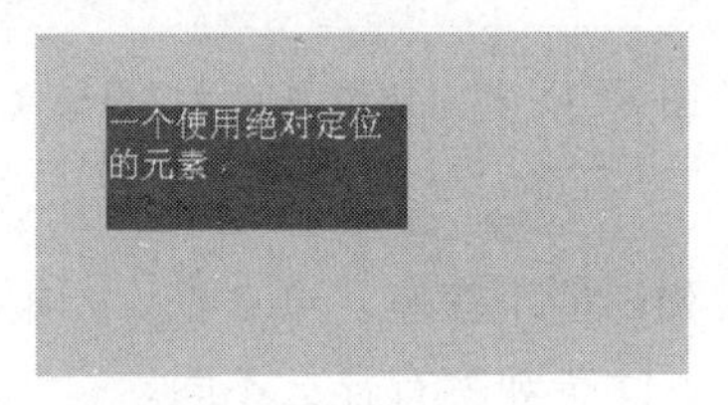

图 2-11　绝对定位示例

可见，在使用绝对定位时，定位的参照标准是包含定位属性的父元素，如果没有这样的父元素，则元素按照<body>元素的位置确定显示位置。

2）相对定位

相对定位的命令格式如下：

```
div{position:relative;}           //相对定位
```

在相对定位中，虽然元素的位置进行了相应的偏移，但元素原来占有的位置并没有消失。也就是说，设置为相对定位后，元素框会偏移某个距离，但其形状仍为未定位前的形状，其原本占用的空间也仍然保留着。这一点与绝对定位截然不同，下面来看一个示例。

```
img{
  position:relative;
  top:0.5em;
  left:100px;}

这是一个关于<img src="images/show.jpg" alt="pic" />相对定位的示例，注意图片元素所在的位置，
这将有助于更好地理解这个属性。
```

该样式中，img 元素向下偏移了 0.5 个字符，向右偏移了 100 px，页面效果如图 2-12 所示。

图 2-12　相对定位示例

可以看到，图片元素向右移动了 100 px，并且覆盖了部分文本内容。这是因为相对定

位元素的默认层叠属性值高于其父元素。如果要使文本内容显示在图片前面，就要使用层叠属性 z-index。例如，在样式中加入如下代码：

```
img{ z-index:-1;}
```

该样式应用于网页中，效果如图 2-13 所示。

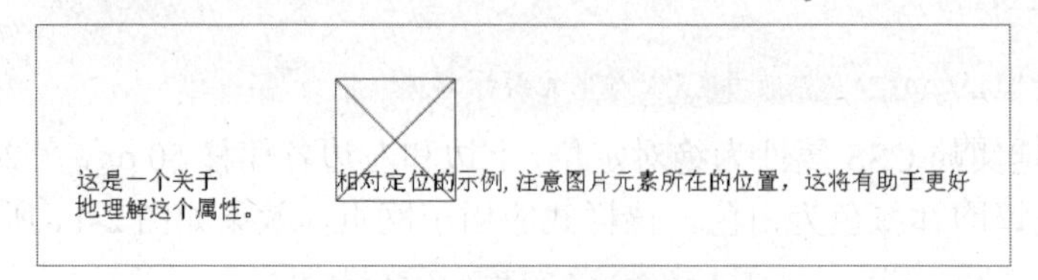

图 2-13　相对定位中使用层叠属性

3）两种定位方式的比较

假设有 3 个元素框顺序排列，框 1 在左，框 2 在中，框 3 在右。现分别用绝对定位和相对定位方式对框 2 进行设置，注意观察有什么不同。

首先，使用绝对定位方式使框 2 左边偏移 30 px，上边偏移 20 px，代码如下：

```
#box_relative {position:absolute; left:30px; top:20px;}
```

偏移后的效果如图 2-14 所示。

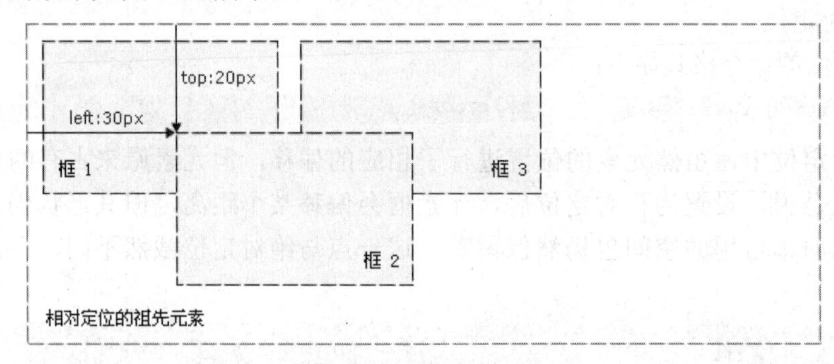

图 2-14　CSS 绝对定位

取消该代码，换做相对定位方式，使框 2 左边偏移 30 px，上边偏移 20 px，代码如下：

```
#box_relative {position:relative; left:30px; top:20px;}
```

偏移后的效果如图 2-15 所示。

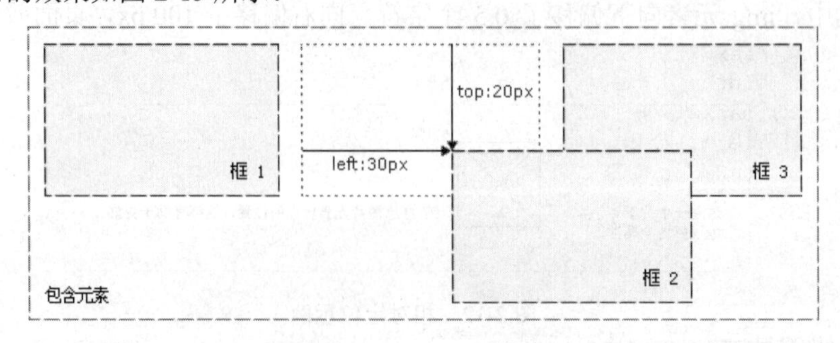

图 2-15　CSS 相对定位

可以看出，图 2-14 采用绝对定位后，框 2 的位置相对最近的定位祖先元素进行了重新定位，由于原有占位空间也消失了，所以不会对布局格式产生什么影响。图 2-15 采用了相对定位后，框 2 相对于原占位空间偏移了一定的距离，且框 2 原本的占位空间并没有消失，由于相对定位会占用文档流的空间，所以对布局格式会产生一定的影响。

4）总结

- 相对定位的元素不会脱离文档流，占用文档流的空间。
- 绝对定位的元素会脱离文档流，偏移不影响文档流中的其他元素。
- 绝对定位的元素以最近的定位祖先元素为参照物。

3. 元素的浮动

前面介绍了元素的定位，下面来讲解一下元素的浮动。

浮动属性即 float 属性，定义了元素是否浮动和浮动的方式。float 属性可以取 3 个值，分别是 none、left、right。none 表示元素不浮动，left 表示元素向左侧浮动，right 表示元素向右侧浮动。

定义了浮动属性的元素，会向左或向右移动，直到它的外边缘碰到包含框或另一个浮动框的边框为止。例如，有 3 个元素框分行排列，当把框 1 向右浮动时，它将脱离文档流，一直向右移动，直到其右边缘碰到包含框的右边缘，如图 2-16 所示。

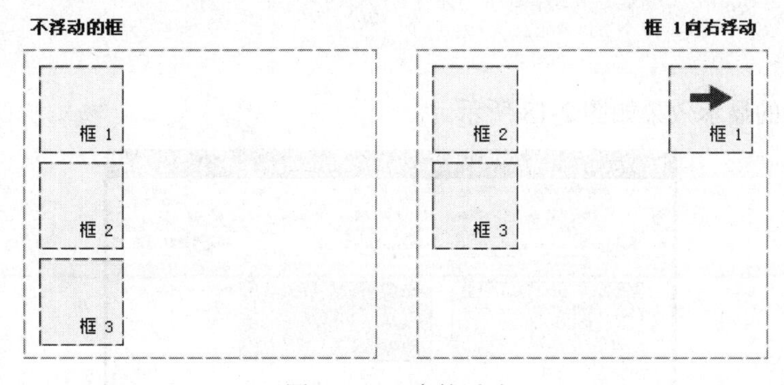

图 2-16　元素的浮动

下面来看两个应用浮动属性定位的示例。

示例 1：

```
<html>
<style type="text/css">
#content_a {width:200px; height:80px; float:left;border:1px solid #000;
margin:10px; background:#ccc;}
#content_b {width:200px; height:80px; float:left; border:1px solid #000;
margin:10px; background:#999;}
</style>
<div id="content_a">这是第一个 DIV 不应用浮动</div>
<div id="content_b">这是第二个 DIV 向左浮动</div>
</html>
```

上述代码的显示效果如图 2-17 所示。

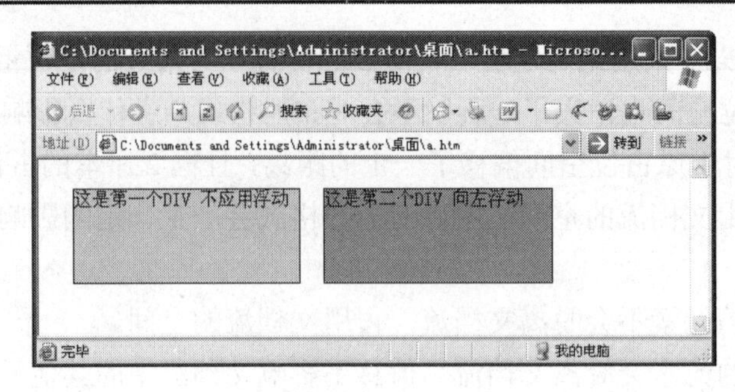

图 2-17　浮动效果

从图 2-17 中可以看到，使用了浮动属性后，原本需要换行显示的块元素，实现了并排显示的排列效果。

示例 2：浮动的延续性。

```
<html>
<style type="text/css">
#content_a {width:200px; height:80px; float:left;border:1px solid #000;
margin:10px; background:#ccc;}
#content_b {width:200px; height:80px; float:left; border:1px solid #000;
margin:10px; background:#999;}
</style>
<div id="content_a">这是第一个 DIV 不应用浮动</div>
<div id="content_b">这是第二个 DIV 向左浮动</div>
<div id="foot">新的一个 Div</div>
</html>
```

上述代码的显示效果如图 2-18 所示。

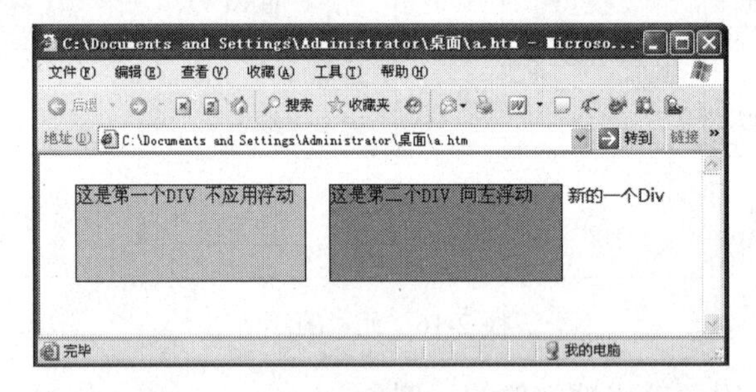

图 2-18　延续浮动效果

使用浮动属性进行页面布局，是现在最常用的 CSS 布局方法。通过合理地使用浮动属性，配合其他一些辅助的 CSS 属性，可以控制页面中所有元素的显示位置，如实现两列或三列的布局、横向的菜单等。

另外，在网页布局中还经常会用到 clear 属性。该属性用于清理浮动效果，其取值可以是 left、right、both 或 none，分别用于定义框的哪些边不挨着浮动框。

clear 属性有什么用处呢？当多个元素有浮动属性时，会对其父元素或后面的元素产生影响，有时会造成布局错乱，这时就需要通过 clear 属性来清除浮动的影响，如图 2-19 所示。

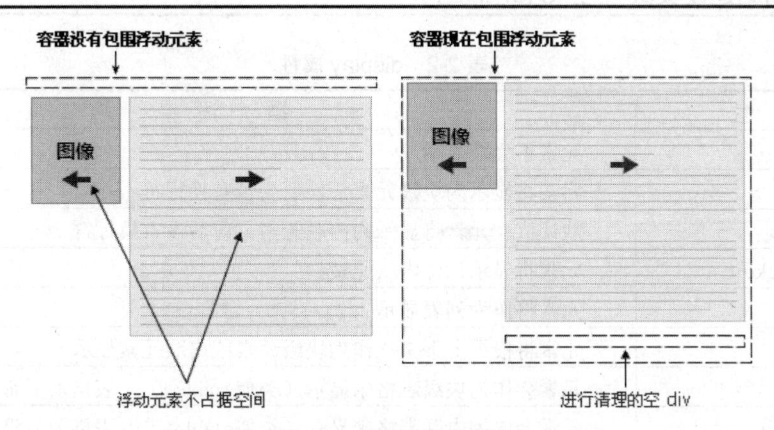

图 2-19　清理浮动例子

示例 3：将示例 2 中的浮动效果取消。代码如下：

```
<style type="text/css">
#content_a {width:200px; height:80px; float:left;border:1px solid #000;
margin:10px; background:#ccc;}
#content_b {width:200px; height:80px; float:left; border:1px solid #000;
margin:10px; background:#999;}
#foot {clear:both;}
</style>
```

显示效果如图 2-20 所示。

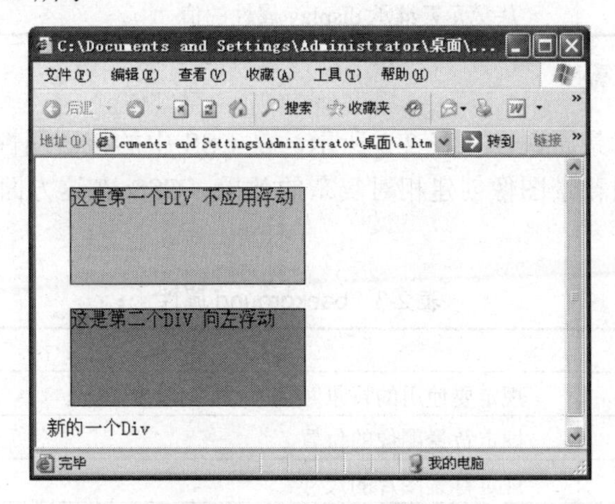

图 2-20　取消浮动后的效果

总之，利用定位和浮动属性可以建立列式布局，可将布局的一部分与另一部分重叠，还可以完成表格布局中需要使用多个表格，并需要进行编码才能实现的布局效果，从而有效地减少代码量，使得页面结构更加清晰，代码更加精简。

2.1.5　常见的 CSS 属性

1. display 属性

display 属性用于确定元素框的类型，其大致描述如表 2-2 所示。

表 2-2　display 属性

属　　性	描　　述
none	元素不会被显示
block	元素将显示为块级元素，前后会带有换行符
inline	默认值。元素将显示为内联元素，前后没有换行符
inline-block	元素将显示为行内块元素
list-item	元素将作为列表显示
run-in	元素将根据上下文，作为块级元素或内联元素显示
table	元素会作为块级表格来显示（类似<table>），表格前后带有换行符
inline-table	元素会作为内联表格来显示（类似<table>），表格前后没有换行符
table-row-group	元素会作为一个或多个行的分组来显示（类似<tbody>）
table-header-group	元素会作为一个或多个行的分组来显示（类似<thead>）
table-footer-group	元素会作为一个或多个行的分组来显示（类似<tfoot>）
table-row	元素会作为一个表格行显示（类似<tr>）
table-column-group	元素会作为一个或多个列的分组来显示（类似<colgroup>）
table-column	元素会作为一个单元格列显示（类似<col>）
table-cell	元素会作为一个表格单元格显示（类似<td>和<th>）
table-caption	元素会作为一个表格标题显示（类似<caption>）
inherit	从父元素继承 display 属性的值

2. background 属性

background 是背景属性，如表 2-3 所示，是 CSS 中的核心属性。CSS 允许用纯色作为背景，也允许使用背景图像创建相对复杂的效果。CSS 在这方面的能力远远在 HTML 之上。

表 2-3　background 属性

属　　性	描　　述	CSS
background-color	规定要使用的背景颜色	1
background-position	规定背景图像的位置	1
background-size	规定背景图片的尺寸	3
background-repeat	规定如何重复背景图像	1
background-origin	规定背景图片的定位区域	3
background-clip	规定背景的绘制区域	3
background-attachment	规定背景图像是否固定或者随着页面的其余部分滚动	1
background-image	规定要使用的背景图像	1
inherit	规定应该从父元素继承 background 属性的设置	1

3. text 属性

text 属性是文本属性，其大致描述如表 2-4 所示。

表 2-4 text 属性

属性	描述	CSS
color	设置文本的颜色	1
direction	规定文本的方向/书写方向	2
letter-spacing	设置字符间距	1
line-height	设置行高	1
text-align	规定文本的水平对齐方式	1
text-decoration	规定添加到文本的装饰效果	1
text-indent	规定文本块首行的缩进	1
text-shadow	规定添加到文本的阴影效果	2
text-transform	控制文本的大小写	1
unicode-bidi	设置文本方向	2
white-space	规定如何处理元素中的空白	1
word-spacing	设置单词间距	1

4. font 属性

font 属性是字体属性，其大致描述如表 2-5 所示。

表 2-5 font 属性

属性	描述	CSS
font	在一个声明中设置所有字体属性	1
font-family	规定文本的字体系列	1
font-size	规定文本的字体尺寸	1
font-size-adjust	为元素规定 aspect 值	2
font-stretch	收缩或拉伸当前的字体系列	2
font-style	规定文本的字体样式	1
font-variant	规定是否以小型大写字母的字体显示文本	1
font-weight	规定字体的粗细	1

5. position 属性

position 属性用于确定元素的定位类型。其可能的取值如表 2-6 所示。

表 2-6 position 属性

值	描述
absolute	生成绝对定位的元素，相对于 static 定位以外的第一个父元素进行定位。元素的位置由 left、top、right、bottom 属性确定
fixed	生成绝对定位元素，相对于浏览器窗口进行定位。元素的位置由 left、top、right、bottom 属性确定
relative	生成相对定位元素，相对于其正常位置进行定位。例如，left:20 会向元素的 left 位置添加 20 px
static	默认值。没有定位，元素出现在正常的流中（忽略 top、bottom、left、right 或 z-index 声明）
inherit	从父元素中继承 position 属性的值

6. float 属性

float 属性用于定义元素朝哪个方向浮动。在 CSS 中，任何元素都可以浮动，并会生成一个块级框。如果浮动非替换元素，则要指定一个明确的宽度；否则，它们会尽可能地窄。

float 属性的大致描述如表 2-7 所示。

表 2-7　float 属性

值	描　述
left	元素向左浮动
right	元素向右浮动
none	默认值，元素不浮动，显示其在文本中出现的位置
inherit	从父元素继承 float 属性的值

2.1.6　常用的网页布局方式

1. 网页整体布局设计

从网站整体布局设计上来看，目前比较流行的布局结构有 3 种，如图 2-21 所示。

- ❖ 最常见的上中下结构。
- ❖ 上中下结构中，中间部分又分为左侧边栏和右侧主内容区。
- ❖ 上中下结构中，中间部分分为两侧边栏和中间主内容区。

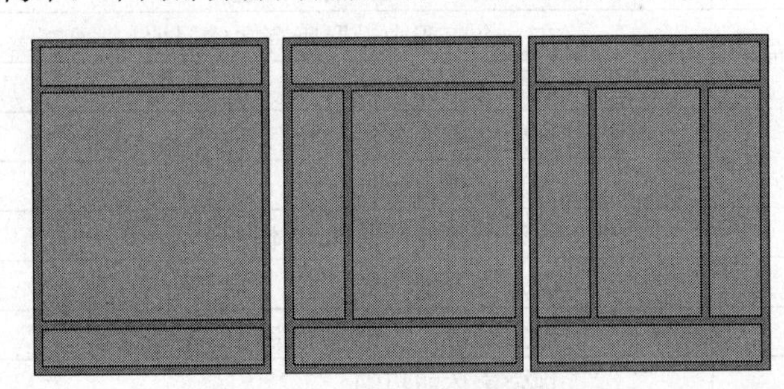

图 2-21　3 种流行的布局结构

2. 网页局部布局设计

在进行网页局部布局时，常用到 3 种布局方式：列表框、列表图标和横向导航。

1）列表框

列表框布局通常用于显示一些简单的通知信息，如图 2-22 所示。

要实现列表框布局，需要 div 标签和 ul 列表标签结合使用。例如：

```
<div>
   <h3></h3>
      <ul>
         <li>...</li>
          <li>...</li>
      </ul>
</div>
```

2）列表图标

列表图标布局通常用于显示一些带有图标的信息，如图 2-23 所示。

最新促销
促销商品一
促销商品一
促销商品一
促销商品一
促销商品一
促销商品一

图 2-22　列表框

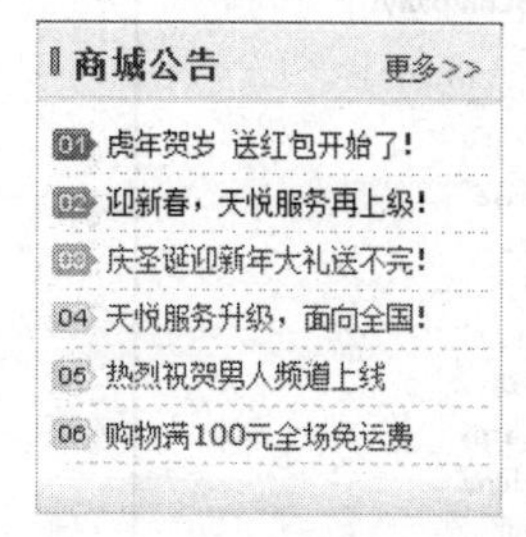

图 2-23　列表图标

要实现列表图标布局，需要 img 标签和 span 标签结合使用。例如：

```
<img .../><span>...</span>
<span>...</span>
span{background-image:url(images/navbg.jpg);text-Indent:10px;}
```

3）横向导航

横向导航布局通常用在网站的导航菜单上，效果如图 2-24 所示。

图 2-24　横向导航

要实现横向导航布局，需要 div 标签和 ul 列表标签结合使用，并需要在 ul 的 li 列表项中加入超链接。例如：

```
<div id="menu">
  <ul>
          <li><a href="#">首页</a></li>
          <li><a href="#">公司介绍</a></li>
          <li><a href="#">新闻中心</a></li>
          <li><a href="#">产品信息</a></li>
          <li><a href="#">服务支持</a></li>
          <li><a href="#">招贤纳士</a></li>
          <li><a href="#">在线留言</a></li>
  </ul>
</div>
```

任务实施

本网站的主页从整体上可分为 3 个部分：头部、中间、底部。头部一般放置公司名称及 Logo 信息；中部为主要内容区域，由于内容较多，又把它分为上、中、下 3 部分；底部放置网站的版权信息。

步骤 1： 用 DIV 将网页分为头部、中间、底部三大部分。

（1）打开 Visual Studio 2010 开发工具，找到 Index.aspx，如图 2-25 所示。

（2）编辑 Index.aspx 文件，如图 2-26 所示。

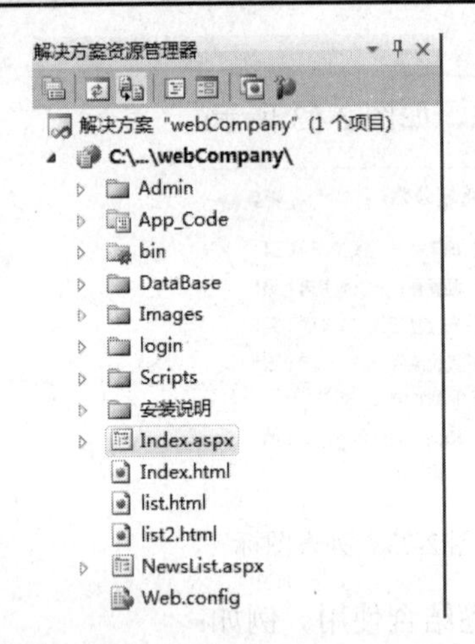

图 2-25　找到 Index.aspx 文件

```
<div id="main">
    <!--网页头部-->
   <div id="top">...</div>
   <div id="menubar"></div>
     <!--网页中间-->
   <div id="middle">...</div>
     <!--网页底部-->
   <div id="bottom">
     <div>版权所有：广东行政职业学院 </div>
     <div>
    技术支持：周  联系电话：136111111111
    </div>

   </div>
</div>
```

图 2-26　编辑 Index.aspx 页面结构

步骤 2：编写如下 CSS 代码。

```
<style type="text/css">
ul,h3,h4,h5,h6,li,body{ margin:0px; padding:0;}
img{ border:none;}
body{ font-size:12px; background-color:#eee;}
#main{ width:960px;background-color:#fff; margin:0px auto; }
#top{}
 ...
#menubar{ background-color:#FFA200; height:5px; clear:both;}
#middle{ clear:both;}
#bottom{height:100px; clear:both; background-color:#ccc; border-style:#333px solid
1px; line-height:35px; text-align:center;}
</style>
```

上述代码中，主要完成了如下设置。

- 设置 id 名为 main 的 DIV 的样式为：宽度 960 px，背景颜色为#fff，上下是 0，左右是自动。
- 设置 id 名为 menubar 的 DIV 的样式为：背景颜色为#FFA200，高度为 5 px，清除浮动。

任务 2　导航菜单的制作

一个网站中，导航菜单的设计合理与否，关系着用户能否快速找到自己所需要的内容。一个有吸引力的导航条能吸引用户浏览更多的页面内容，从而无形中起到推广网站的作用。

本任务中，将制作首页上方的导航菜单。本任务需要使用 DIV 来设计主导航菜单，并使用 HTML 的<ul>标签来设计二级子菜单，最后结合使用 JavaScript 脚本语言，实现当鼠标移动到某个菜单上时可显示其二级菜单的动态效果。

相关知识

2.2.1 导航菜单的常用设计方式

网站中，导航菜单主要起着以下作用。

- ❖ 引导用户查找信息。通过主导航、次导航以及分类导航，用户可以快速地找到自己真正所需的东西。
- ❖ 导航容易形成地图的作用，特别是面包屑导航，让用户了解网站结构和定义网站整体的构架和网站方向指南。

导航菜单分为横向和纵向两种，其中，横向导航菜单是目前最流行的菜单设计模式，常作为主导航条使用。导航菜单的导航项可以是文字链接、按钮形状或选项卡形状。

如果网站内容较多，通常会在主导航菜单下设置二级子菜单，一般是一个下拉菜单，当用户鼠标移到主菜单的某选项上时，滑出其二级子导航项，以方便用户快速定位和选择。

如图 2-27 所示就是包含二级子菜单的横向导航菜单。

图 2-27 含二级子菜单的横向导航菜单

这种动态的菜单效果是怎么实现的呢？通常情况下，需要借助于 JavaScript 脚本语言来实现。下面就来认识一下什么是 JavaScript。

2.2.2 什么是 JavaScript

JavaScript 是一种基于对象（object）和事件驱动（event driven）并具有安全性能的脚本语言。由网景公司的布兰登·艾克于 1995 年设计而成。网景公司希望它的外观看起来像 Java，因此为它取名 JavaScript。

网页通过 JavaScript 脚本程序，可以实现数据的传输和动态交互。JavaScript 的解释器被称为 JavaScript 引擎，是浏览器的一部分，广泛应用于客户端，以用来给 HTML 网页增加动态功能。现在，JavaScript 也被广泛应用于网络服务器。

JavaScript 的特点主要体现在以下几个方面。

1. 嵌入式脚本语言

JavaScript 是使用<script>…</script>标签嵌入在 HTML 中的，当 HTML 在浏览器中被打开时，JavaScript 代码才被执行，是对 HTML 的一种扩展。

当编写的脚本过于复杂时，JavaScript代码也可以作为单独的文件存在（扩展名.js），通过对HTML文档的调用被执行。例如：

```
<script language = "JavaScript"  type = "text/JavaScript"  src = "filename.js"></script>
```

2. 跨平台性脚本语言

JavaScript是依赖于浏览器的，与操作系统无关。如果使用的浏览器不支持JavaScript，那么嵌套在HTML中的JavaScript代码将会被忽略掉。

3. 解释型脚本语言

应用程序的执行有编译和解释两种方式。

❖ 编译是将程序源代码解释成可执行的二进制代码文件，如.exe文件。我们所熟悉的Java、C++等编程语言都是如此。
❖ JavaScript代码并不被编译成二进制代码文件，而是作为HTML文件的一部分执行。

4. 弱类型脚本语言

Java是一种强类型语言，即所有变量在使用前必须进行声明，并确定其数据类型。而JavaScript采用弱类型形式，数据的变量或常量不必使用前先声明，只需在使用或赋值时确定其数据类型即可。例如：

```
integer x = 123; string y = "123";        //Java 语句
x = 123; y = "123";                       //JavaScript 语句
```

5. 基于对象的脚本语言

Java、C++等都是面向对象的程序设计语言，而JavaScript则是基于对象（object-based）的脚本语言，因为它并不提供抽象、继承、重载等有关面向对象语言的许多功能。

2.2.3 JavaScript基础

JavaScript脚本语言同其他语言一样，有它自身的基本数据类型、表达式、算术运算符以及基本程序框架。JavaScript通过数据类型来处理数字和文字，通过变量来提供存放信息的地方，通过表达式来完成较复杂的信息处理。下面就来一一介绍。

1. JavaScript的数据类型

JavaScript提供了4种基本的数据类型和两种特殊数据类型用来处理数据和文字。而变量提供存放信息的地方，表达式则可以完成较复杂的信息处理。

1）基本数据类型

❖ 数值型（number）：包括整数和实数。
❖ 字符串型（string）：用" "号或' '括起来的字符或数值。
❖ 布尔型（boolean）：使用true或false表示。

❖ 空值：用关键字 null 表示。

2）特殊数据类型

❖ 未定义（undefined）：表示一个未声明的变量，或已声明但没有赋值的变量。

❖ 对象类型（object）：表示一组数据和功能的集合，在后面的应用中会详细介绍。

3）数据类型转换

当表达式中包含不同类型数据时，在计算过程中会强制进行类别转换。例如：

❖ 数字+字符串：数字转换为字符串。

❖ 数字+布尔值：true 转换为 1，false 转换为 0。

❖ 字符串+布尔值：布尔值转换为字符串 true 或 false。

也可以使用强制类型转换函数进行函数类型的转换。常见的强制类型转换函数如下。

❖ 函数 parseInt：强制转换成整数。例如，parseInt("6.12")=6。

❖ 函数 parseFloat：强制转换成浮点数。例如，parseFloat("6.12")=6.12。

❖ 函数 eval：将字符串强制转换为表达式并返回结果。例如，eval("1+1")=2，eval("1<2")=true。

4）数据类型查询

使用 typeof()函数可查询数值的当前类型。例如，typeof("test"+3)="string"，typeof(null)="object"。

2. JavaScript 中的常量

❖ 布尔常量：如 true,false。

❖ 整数常量：如 123,0006,0xaff。

❖ 浮点数常量：如 2.68,0.005,3.721e+3。

❖ 字符串常量：如"我是一个字符串常量！"。含转义字符的字符串常量如表 2-8 所示。

表 2-8 含转义字符的字符串常量

转义字符	意义	转义字符	意义
\b	退格符	\t	制表符
\f	换页符	\'	单引号
\n	换行符	\"	双引号
\r	回车符	\\	反斜线

❖ 数组常量：见示例。

```
var arr = new Array(3);
arr[0] = "Baidu";
arr[1] = "Yahoo";
arr[2] = "Google";
```

3. JavaScript 中的变量

变量的主要作用是存取数据，即变量是提供存放信息的容器。JavaScript 变量主要用于保存值或表达式。

1）变量的命名

JavaScript 变量的命名必须遵守以下规范。

- 变量名必须使用字母或者下画线（_）开始。
- 变量名必须使用英文字母、数字或者下画线（_）组成。
- 变量名不能使用 JavaScript 关键字和保留字。
- 变量名对大小写敏感。

JavaScript 中的关键字如表 2-9 所示。

表 2-9　JavaScript 中的关键字

序　号	关键字名	序　号	关键字名
1	break	15	catch
2	delete	16	else
3	for	17	if
4	new	18	return
5	throw	19	try
6	void	20	with
7	case	21	continue
8	do	22	false
9	function	23	in
10	null	24	switch
11	true	25	typeof
12	while	26	this
13	default	27	var
14	finally	28	instanceof

2）变量的声明和作用域

JavaScript 变量在使用前应先做声明。进行变量声明的最大好处是能及时发现代码中的错误（因为 JavaScript 是动态编译的，不易发现代码中的错误，特别是变量命名方面）。

使用 var 关键字对变量进行声明。例如：

```
var x;                  //不需要指定变量类型
var x,y;                //允许一次定义多个变量
```

进行变量声明还有另一个重要作用——明确变量的作用域。JavaScript 中同样有全局变量和局部变量之分。全局变量是定义在所有函数体之外，其作用范围是整个函数；局部变量是定义在函数体之内，只对该函数可见，而对其他函数是不可见的。

3）变量的赋值

示例：

```
var a=1;                //赋值为数值
var x="我是一个字符串"; //赋值为字符串
var y=x;                //赋值为另一变量
```

4）变量的调用

示例：

```
...
alert(a-1);
document.write(x);
...
```

4. JavaScript 中的注释

1）单行注释

单行注释以//开头，例如：

```
<script language="JavaScript" type="text/JavaScript">
//这个是单行注释，代码输出标题：
document.write("<h1>This is a header</h1>");
</script>
```

2）多行注释

多行的注释以/*开头，以*/结尾。例如：

```
<script language="JavaScript" type="text/JavaScript">
/*
  这个是多行注释，
  下面的代码输出一个标题：
*/
document.write("<h1>This is a header</h1>");
</script>
```

5. 运算符与表达式

JavaScript 运算符包括算术运算符、赋值运算符、关系运算符、逻辑运算符、条件运算符、位运算符、逗号运算符等。

1）算术运算符

算术运算符包括加（+）、减（-）、乘（*）、除（/）、余数（%）、自增（++）、自减（--）7 种运算符。

- 加、减、乘、除、余数运算符的运算方法与数学中的运算方法一样。例如，9/2=4.5，4*5=20，9%2=1。
- “-”除了可以表示减号，还可以表示负号。例如，x=-y。
- “+”除了可以表示加法运算，还可以用于字符串的连接。例如，"abc"+"def"="abcdef"。
- “i++”相当于“i=i+1”，“i--”相当于“i=i-1”。假如 x=2，那么“x++;”表达式执行后的值为 3，“x--;”表达式执行后的值为 1。且增和且减运算符可以放在变量前，也可以放在变量后。

2）赋值运算符

赋值运算符包括“=”“+=”“-=”“*=”“/=”“%=”6 种。

例如，“x+=y”等价于“x=x+y”，“x*=y”等价于“x=x*y”。

3）关系运算符

关系运算符包括小于（<）、小于等于（<=）、大于（>）、大于等于（>=）、等于（==）、严格等于（===）、不等于（!=）、严格不等于（!==）。

注意：只有两个操作数的值相等并且类型也相同时，一致性运算符"==="的计算结果才为 true，否则其值为 false。

例如，表达式"12"==12 的结果为 true，而表达式"12"===12 的结果为 false，原因在于它们的数据类型不一致。

4）逻辑运算符

逻辑运算符包括逻辑与（&&）、逻辑或（||）和逻辑非（!）。

- &&：全真为真，否则为假。
- ||：全假为假，否则为真。

例如，(true&&false)==false，(true||false)==true，!true==false。

5）条件运算符（? :）

条件运算符主要用于条件表达式，其语法格式如下：

```
variablename=(condition)? value1: value2
```

例如，“maxMumber=(2>1)?2:1”的结果为 2。

6）位运算符

位运算符包括位与（&）、位或（|）、异或（^）、左移（<<）、右移（>>）和 NOT（~）。例如：

3&5=1（00000011&00000101=00000001）

3|5=7（00000011|00000101=00000111）

3^5=6（00000011^00000101=00000110）

~3=-4（~00000011=11111100）

4<<3=32（00000100 左移 3 位之后结果为 00100000）

-9>>2=-3（11110111 右移 2 位之后结果为 11111101）

7）逗号运算符（,）

逗号运算符用来将多个表达式连接为一个表达式，新表达式的值为最后一个表达式的值。例如，下列语句中 a=12。

```
a =(b=1,c=2,d=12);
```

6. 程序控制语句

任何语言中，程序控制语句都是必不可少的。通过它，程序才能按照既定的顺序执行，从而实现设定的功能。

1）if...else 条件控制语句

基本格式如下：

```
if(表达式)
   语句 1;
else
   语句 2;
```

功能说明：若表达式的值为true，则执行语句1，否则执行语句2。

还可以写多重if...else语句，或者进行if语句的多重嵌套。

2）switch条件控制语句

基本格式如下：

```
switch (表达式) {
    case 值1:语句1;break;
    case 值2:语句2;break;
    case 值3:语句3;break;
    default:语句4;
}
```

功能说明：若表达式的值为true，执行{}内的语句。首先判断值1，如果值1为true，则执行语句1，switch语句执行结束；如果值1为假，则判断值2，依次类推。值1、值2、值3都为false时，执行语句4。

3）for循环控制语句

基本格式如下：

```
for (初始化;条件;增量){
    语句1;
    ...
}
```

功能说明：实现条件循环。当条件成立时，执行语句1，否则跳出循环体。

4）while循环控制语句

基本格式如下：

```
while (条件){
    语句1;
    ...
}
```

功能说明：当条件成立时，循环执行{}内的语句，否则跳出循环。

5）do...while循环控制语句

基本格式如下：

```
do{
    语句1;
    ...
} while (条件)
```

功能说明：先执行{}内的语句一次，然后判断条件是否为true。如果是true，就继续执行花括号{}内的语句，否则跳出循环。

6）break和continue跳转语句

break语句使得循环从for或者while中跳出，continue语句使得跳过循环内剩余的语句而进入下一次循环。

7. 函数

JavaScript函数可以封装那些在程序中可能要多次用到的模块，并可作为事件驱动的结果而调用的程序，这样可以实现一个函数把它与事件驱动相关联。

定义函数的基本语法格式如下：

```
function 函数名 (参数){
    函数体;
    [return 返回值];          //只有在需要返回某个值时才使用 return
}
```

8. 说明

- 可以使用变量、常量或表达式作为函数调用的参数。
- 函数由关键字 function 定义。
- 函数名的定义规则与标识符一致，大小写是敏感的。
- 函数有返回值时，必须使用 return。

示例：

```
<script language= "JavaScript" type= "text/JavaScript" >
/*Sayhello 是定义的函数名，前面必须加上 function 和空格*/
function SayHello(){
    var hellostr;
    var myname=prompt("请问您贵姓？","陈");
    hellostr="您好，"+myname+'先生，欢迎进入"探索之旅"！';
    alert(hellostr);
    document.write(hellostr);
}
//这里是对前面定义的函数进行调用
SayHello();
</script>
```

2.2.4 JavaScript 对象

JavaScript 是一种基于对象的语言，对象是 JavaScript 中最重要的元素。对象由属性和方法封装而成。

1. JavaScript 对象

JavaScript 中包含 4 种对象：内置对象、browser 对象（浏览器相关的对象）、HTML DOM 文档对象和自定义对象。

1）内置对象

JavaScript 提供了一些非常有用的内部对象和方法，不需要使用脚本即可实现这些功能。

内置对象共有 11 种，分别是 Array、String、Date、Math、Boolean、Number、Function、Global、Error、RegExp 和 Object。除 null 和 undefined 类型外，其他数据类型都可以被定义成对象，且可以用创建对象的方法定义变量。

2）browser 对象

browser 对象包括 5 种，分别是 Window、Navigator、Screen、History 和 Location。

- Window 对象：表示浏览器中打开的窗口。
- Navigator 对象：包含有关浏览器的信息。

- ❖ Screen 对象：包含有关客户端显示屏幕的信息。
- ❖ History 对象：包含用户访问过的 URL。
- ❖ Location 对象：包含有关当前 URL 的信息。

3）HTML DOM 文档对象

每个载入浏览器的 HTML 文档都会成为一个 Document 对象。Document 对象使得用户可以从脚本中对 HTML 页面中的所有元素进行访问。

4）自定义对象

在 JavaScript 中，创建一个新对象的操作十分简单。首先需要定义一个对象，然后为该对象创建一个实例即可。该实例就是一个新的对象，它具有对象定义中的基本特征。

定义对象的方法有两种。一种是使用 Object 关键字进行对象定义。首先，通过 new 操作符创建一个对象，然后为其添加属性和方法，即可创建一个能实现特定功能的对象。例如：

```
<script language= "JavaScript" type="text/JavaScript">
   var o = new Object();        //定义一个对象
   //给对象增加属性
   o.name = "张三";
   o.sex  = "男";
   o.age  = 18;
   //给对象增加方法
   o.method1 = function(){
      alert("函数 method1 被调用了");
   }
   //获取对象属性
   alert(o.age);
   //获取对象方法
   o.method1();
</script>
```

另一种是使用 function 关键字定义对象。格式如下：

```
<script language= "JavaScript" type="text/JavaScript">
   function 对象名(prop1<属性 1>,prop2<属性 2>) {
      this.prop1 = prop1;
      this.prop2 = prop2;
      this.method1 = method1;
   }
</script>
```

示例：

```
<script language="JavaScript" type="text/JavaScript">
   function Person(name, age){ //定义了一个 Person 对象
      this.name = name;         //Person 对象的 name 属性
      this.age  = age;          //Person 对象的 age 属性
      this.Say = sayFunc;       //Person 对象的 Say 方法
   }
   function sayFunc(){
      alert(this["name"]+"  "+this["age"]);
   }
```

```
    var person1 = new Person("张三",19);
    person1.Say();
</script>
```

2. 对象操作语句——with 语句

因为 JavaScript 不是纯面向对象的语言，所以没有提供面向对象语言的许多功能。在 JavaScript 应用中，通常使用操作对象语句、关键词和运算符来实现对对象的操作。

with 语句属于对象操作语句，用途是为一组语句创建默认的对象。在这组语句中，任何不指定对象的属性引用，都将被认为是默认对象的。

基本格式如下：

```
with(对象){
语句组
}
```

例如：

```
var a, x, y var r=10
with (Math) {
    a = PI * r * r
    x = r * cos(PI)
    y = r * sin(PI/2)
 }
```

3. JavaScript 中常见的内置对象

在 JavaScript 中，提供了 String（字符串）、Math（数值计算）和 Date（日期）3 种对象及其相关的方法，从而为编程人员快速开发强大的脚本程序提供了非常有利的条件。

1）String 对象

String 对象用于处理文本（字符串），其常见属性如表 2-10 所示。

表 2-10 String 对象的属性

属 性	描 述
Constructor	对创建该对象函数的引用
Length	字符串的长度
Prototype	允许用户向对象添加属性和方法

String 对象的常见方法描述如下。

- ❖ anchor()：创建 HTML 锚。
- ❖ big()：用大号字体显示字符串。
- ❖ blink()：显示闪动字符串。
- ❖ bold()：使用粗体显示字符串。
- ❖ charAt()：返回在指定位置的字符。
- ❖ charCodeAt()：返回在指定位置的字符的 Unicode 编码。
- ❖ concat()：连接字符串。
- ❖ fixed()：以打字机文本显示字符串。

- fontcolor()：使用指定的颜色来显示字符串。
- fontsize()：使用指定的尺寸来显示字符串。
- fromCharCode()：从字符编码创建一个字符串。
- indexOf()：检索字符串。
- italics()：使用斜体显示字符串。
- lastIndexOf()：从后向前搜索字符串。
- link()：将字符串显示为链接。
- localeCompare()：用本地特定的顺序来比较两个字符串。
- match()：找到一个或多个正则表达式的匹配。
- replace()：替换与正则表达式匹配的子串。
- search()：检索与正则表达式相匹配的值。
- slice()：提取字符串的片段，并在新的字符串中返回被提取的部分。
- small()：使用小字号来显示字符串。
- split()：把字符串分割为字符串数组。
- strike()：使用删除线来显示字符串。
- sub()：把字符串显示为下标。
- substr()：从起始索引号提取字符串中指定数目的字符。
- substring()：提取字符串中两个指定索引号之间的字符。
- sup()：把字符串显示为上标。
- toLocaleLowerCase()：把字符串转换为小写。
- toLocaleUpperCase()：把字符串转换为大写。
- toLowerCase()：把字符串转换为小写。
- toUpperCase()：把字符串转换为大写。
- toString()：返回字符串。
- valueOf()：返回某个字符串对象的原始值。

2）Math 对象

Math 对象的常见属性如表 2-11 所示。

表 2-11　Math 对象的属性

属　　性	描　　述
E	返回算术常量 e，即自然对数的底数
LN2	返回 2 的自然对数
LN10	返回 10 的自然对数
LOG2E	返回以 2 为底的 e 的对数
LOG10E	返回以 10 为底的 e 的对数
PI	返回圆周率
SQRT1_2	返回 2 的平方根的倒数
SQRT2	返回 2 的平方根

Math 对象的常见方法描述如下。

- ❖ abs(x)：返回数的绝对值。
- ❖ acos(x)：返回数的反余弦值。
- ❖ asin(x)：返回数的反正弦值。
- ❖ atan(x)：以介于-PI/2～PI/2 弧度之间的数值，来返回 x 的反正切值。
- ❖ atan2(y,x)：返回从 *x* 轴到点（*x*,*y*）的角度（介于-PI/2～PI/2 弧度之间）。
- ❖ ceil(x)：对数进行上舍入。
- ❖ cos(x)：返回数的余弦。
- ❖ exp(x)：返回 e 的指数。
- ❖ floor(x) ：对数进行下舍入。
- ❖ log(x)：返回数的自然对数（底为 e）。
- ❖ max(x,y)：返回 *x* 和 *y* 中的最高值。
- ❖ min(x,y)：返回 *x* 和 *y* 中的最低值。

3）Date 对象

Date 对象的常见属性如表 2-12 所示。

表 2-12　Date 对象的属性

属　性	描　述
constructor	对创建该对象的 Date 函数的引用
prototype	允许向对象添加属性和方法

Date 对象的常见方法描述如下。

- ❖ Date()：返回当前的日期和时间。
- ❖ getDate()：从 Date 对象返回一个月中的某一天（1～31）。
- ❖ getDay()：从 Date 对象返回一周中的某一天（0～6）。
- ❖ getMonth()：从 Date 对象返回月份（0～11）。
- ❖ getFullYear()：从 Date 对象以四位数字返回年份。
- ❖ getYear()：使用 getFullYear()方法代替。
- ❖ getHours()：返回 Date 对象的小时（0～23）。
- ❖ getMinutes()：返回 Date 对象的分钟（0～59）。
- ❖ getSeconds()：返回 Date 对象的秒数（0～59）。
- ❖ getMilliseconds()：返回 Date 对象的毫秒（0～999）。
- ❖ getTime()：返回 1970 年 1 月 1 日至今的毫秒数。
- ❖ getTimezoneOffset()：返回本地时间与格林威治标准时间（GMT）的分钟差。
- ❖ getUTCDate()：根据世界时间从 Date 对象返回月中的一天（1～31）。
- ❖ getUTCDay()：根据世界时间从 Dat e 对象返回周中的一天（0～6）。
- ❖ getUTCMonth()：根据世界时间从 Date 对象返回月份（0～11）。
- ❖ getUTCFullYear()：根据世界时间从 Date 对象返回四位数的年份。
- ❖ getUTCHours()：根据世界时间返回 Date 对象的小时（0～23）。

❖ getUTCMinutes()：根据世界时间返回 Date 对象的分钟（0～59）。

2.2.5 JavaScript 事件

用户在浏览器内所进行的某种动作称为事件。事件通常是可以被 JavaScript 侦测到的行为，如鼠标单击、页面或图像载入、鼠标悬浮于页面的某个热点之上、在表单中选取输入框、确认表单、键盘按键等。

在 JavaScrip 中，通常将鼠标或热键的动作称为事件（event），将由鼠标或热键引发的一连串程序的动作称为事件驱动（event driver），对事件进行处理的程序或函数称之为事件处理程序（event handler）。

JavaScript 中的常用事件如表 2-13 所示。

表 2-13 JavaScript 中的常用事件

事 件	描 述
onabort	图像加载被中断
onblur	元素失去焦点
onchange	用户改变域的内容
onclick	鼠标单击某个对象
ondblclick	鼠标双击某个对象
onerror	当加载文档或图像时发生某个错误
onfocus	元素获得焦点
onkeydown	某个键盘的键被按下
onkeypress	某个键盘的键被按下或按住
onkeyup	某个键盘的键被松开
onload	某个页面或图像完成加载
onmousedown	某个鼠标按键被按下
onmousemove	鼠标被移动
onmouseout	鼠标从某元素移开
onmouseover	鼠标被移到某元素之上
onmouseup	某个鼠标按键被松开
onreset	重置按钮被单击
onresize	窗口或框架被调整尺寸
onselect	文本被选定
onsubmit	提交按钮被单击
onunload	用户退出页面

事件范例：

```
<html>
<head>
 <title>Displaying Time</title>
   <script language = "JavaScript" type = "text/JavaScript" >
   function time(){
```

```
      now = new Date();
      hours = now.getHours();
      mins = now.getMinutes();
      secs = now.getSeconds();
      document.form1.text1.value = hours + ":" + mins + ":" + secs;
   }
   </script>
</head>

<body>
   <form name="form1">
   <input type = "button" name = "button" value = "clieck me" onClick = "time()"/>
   <input type = "text" name="text1"/>
   </form>
</body>
</html>
```

任务实施

制作导航菜单主要用到了 DIV 技术和 HTML 的<ul>标签，同时要结合 JavaScript 脚本进行动态效果设计。

步骤 1：在 Visual Studio 2010 开发工具中，用 DIV 设计出主导航菜单，用<ul>标签设计出二级导航菜单，用 JavaScript 实现鼠标滑过主菜单项时显示二级菜单。

（1）打开 Index.aspx，输入如下 HTML 代码：

```
<ul class="menunav">
    <li><a href="#">首页</a><span>|</span></li>
    <li><a href="#">公司介绍</a><span>|</span></li>
    <li><a href="#">新闻中心</a><span>|</span></li>
    <li><a href="#" onmouseover="showobj('sub1')" onmouseout="hiddenobj('sub1')">
    产品信息</a><span>|</span></li>
    <li><a href="#">服务与支持</a><span>|</span></li>
    <li><a href="#">招贤纳士  </a><span>|</span></li>
    <li><a href="#">联系我们</a></li>
</ul>

<ul id="sub1" class="submenu"  onmouseover="showobj('sub1')" onmouseout="hiddenobj('sub1')"
    style=" display:none; position:absolute; top:40px; left:318px;">
    <li><a href="#">皮夹</a></li>
    <li><a href="#">手袋</a></li>
    <li><a href="#">皮带</a></li>
</ul>
```

（2）输入如下 JavaScript 代码，实现动态菜单效果。

```
<script  type="text/JavaScript">
    //获取指定 id 的文本标签
    function $(id) {
        return document.getElementById(id);
    }
    //设置指定对象显示
    function showobj(id) {
        var obj = $(id);
        obj.style.display = "";
```

```
    }
    //隐藏指定id的对象
    function hiddenobj(id) {
        var obj = $(id);
        obj.style.display = "none";
    }
    function showproinfo(e, id) {
        var obj = $(id);
        obj.style.display = "block";
        obj.innerhtml = (e.srcElement).title;
        obj.style.top = e.clientY + document.documentElement.scrollTop + 5 + "px";
        obj.style.left = e.clientX + 5 + "px"
    }
    window.onscroll = function () {
        var objleft = $('adLeft');
        var objright = $('adright');
        objleft.style.top = document.documentElement.scrollTop + 50 + 'px';
        objright.style.top = document.documentElement.scrollTop + 50 + 'px';
    };
</script>
```

此时的二级菜单效果如图 2-28 所示。

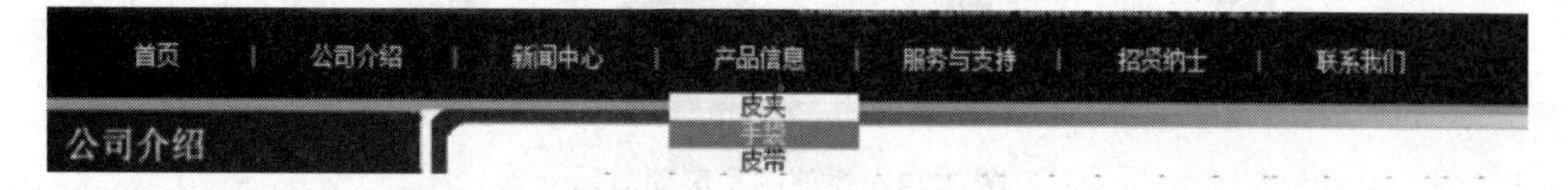

图 2-28　二级菜单

步骤 2：编写 CSS 代码，对菜单格式进行美化。代码如下：

```
<style type="text/css">
ul,h3,h4,h5,h6,li,body{ margin:0px; padding:0;}
img{ border:none;}
body{ font-size:12px; background-color:#eee;}
#main{ width:960px;background-color:#fff; margin:0px auto; }
#top{}
.menul{  width: 11px; height: 44px;float: left;background-color:#1F0D01;}
.menucenter{  width: 938px; height: 44px;float: left; background-color:#1F0D01;}
.menur{   width: 11px;height: 44px; float: left;background-color:#1F0D01;}
.menulist{ position:relative;}
.menunav{ list-style:none; margin:0px; padding:0px;}
.menunav li{ display:inline; line-height:44px; }
.menunav li a{ color:#FFF; text-decoration:none; width:100px; display:inline-block;
 text-align:center;}
.menunav li a:hover{ color:#F00; background-color:#063;}
.menunav li span{ color:#fff;}
.submenu{ list-style:none; background-color:#FFC;width:100px; margin:0px;
 padding:0px;}
.submenu li a{ color:#000; text-decoration:none; display:block; width:100px;
 text-align:center; }
.submenu li a:hover{ background-color:#396;  color:#CF0;}
#menubar{ background-color:#FFA200; height:5px; clear:both;}
...
</style>
```

任务3　中间部分的设计

网页的中间部分是主要的内容显示区域。如果内容较多，还可以使用上-中-下或左-中-右的布局方式，将内容区域分为多块。

本任务中，为了实现中间部分文字的整齐列表显示，使用了 DIV+CSS 布局方式；同时，为了实现产品图片的滚动，使用了 JavaScript 脚本技术，下面分别来进行介绍。

相关知识

“产品展示”栏内，产品图片有很多，都是随机滚动显示的，如图 2-29 所示。而要实现这种图片滚动显示，需要用到 JavaScript 脚本语言。

图 2-29　底部图片滚动显示

1. 滚动的实现思路

要想实现滚动，其 CSS 设计思路如下。

（1）外面一个固定大小的小盒子。

（2）小盒子里面嵌套一个宽度足够的大盒子。

（3）大盒子里面嵌套两个小盒子。

（4）通过脚本函数动态改变最外面小盒子的滚动条，以实现滚动效果。

2. 滚动效果的基本原理

要想实现图片的滚动，需要用到如下属性。

- innerhtml：设置或获取位于对象起始和结束标签内的 HTML。
- scrollHeight：获取对象的滚动高度。
- scrollLeft：设置或获取位于对象左边界和窗口中目前可见内容的最左端之间的距离。
- scrollTop：设置或获取位于对象最顶端和窗口中可见内容的最顶端之间的距离。
- scrollWidth：获取对象的滚动宽度。
- offsetHeight：获取对象相对于版面或由 offsetParent 属性指定的父坐标的高度。
- offsetLeft：获取对象相对于版面或由 offsetParent 属性指定的父坐标的计算左侧位置。

❖ offsetTop：获取对象相对于版面或由 offsetTop 属性指定的父坐标的计算顶端位置。
❖ offsetWidth：获取对象相对于版面或由 offsetParent 属性指定的父坐标的宽度。

任务实施

步骤 1：在 Visual Studio 2010 开发工具中找到网站首页文件 Index.aspx，使用 DIV 与 CSS 设计网页的中间部分，代码效果如图 2-30 所示。

```
  <!--网页中间-->
<div id="middle">
  <!--中间上边部分-->
  <div id="midtop">
    <div id="mt_l">...</div>
    <div id="mt_r">...</div>
  </div>

  <!--中间中间部分-->
  <div id="midmid">
    <div id="ml"></div>
    <div id="mr"></div>
  </div>
  <!--中间底部部分-->
  <div id="midbottom" >
    <div id="mb_l">...</div>
    <div id="mb_c">...</div>
    <div id="mb_r">...</div>

  </div>
```

图 2-30　首页中间部分的代码

步骤 2：编写 CSS 样式，实现中间部分列表的整齐竖排效果。代码如下：

```
#mb_l{ float:left; width:200px;}
#mb_l ul{ list-style:none;}
#mb_l ul li{ line-height:30px; border-bottom:dotted 1px #ccc; background:url
(Images/arrow_02.gif) no-repeat center left; text-indent:20px;}
#mb_l ul li a{ color:#000; text-decoration:none;}
```

上述代码设置了 id 名为 mb_l 的 DIV 的样式为：向左浮动，宽度为 200 px；其内的 ul 列表项前没有什么修饰；li 的样式是行高 30 px，下边框的虚线大小 1 px，颜色为#ccc；还设置了背景图片不重复，左侧垂直居中，文字缩进 20 px。

步骤 3：编写 JavaScript 代码，实现产品图片的滚动效果。参考代码如下：

```
var speed=10;
var demo=document.getElementById("demo");
var demo1=document.getElementById("demo1");
var demo2=document.getElementById("demo2");
demo2.innerHTML=demo1.innerHTML;
function Marquee(){
    if(demo2.offsetWidth-demo.scrollLeft<=0)
    {
      demo.scrollLeft-=demo1.offsetWidth;
    }else
    {
      demo.scrollLeft++;
```

```
    }
  }
  var timer=window.setInterval(Marquee,speed);
  demo.onmouseover= function() { window.clearInterval(timer)};
  demo.onmouseout= function() {timer=window.setInterval(Marquee,speed) };
```

上述代码设置了图片滚动时显示的宽度，并设置了鼠标在图片上方时清除滚动的时间间隔，鼠标离开图片时重设滚动的时间间隔。

项目总结

在本项目中，主要围绕主页的设计，重点讲解了 DIV、CSS 以及 JavaScript，并利用这 3 种技术完成了网站主页的设计。

拓展训练

1．利用 DIV、CSS 以及 JavaScript，在主页的下部添加一个产品展示区。
2．利用 DIV、CSS 以及 JavaScript 设计产品列表页面。

项 3 目

新闻信息绑定

项目引入

动态网站上的新闻信息都是存放在数据库中的，因此，显示一条新闻的过程就是读取数据库中的新闻信息并将其显示在页面上的过程。

要实现新闻信息的显示，需要完成 3 项工作：信息创建、信息读取和信息显示。

信息创建阶段主要完成创建数据库、数据表、存储过程等工作；信息读取阶段，主要是通过高级语言（如 C#）来完成对数据库的访问和操作；完成这一切后，要进行信息显示，还需要进行信息绑定，即使用 ASP.NET 提供的控件来绑定读取到的信息。

信息绑定，就是指将存储在网站数据库中的信息与网页上的控件进行绑定的过程，如图 3-1 所示。

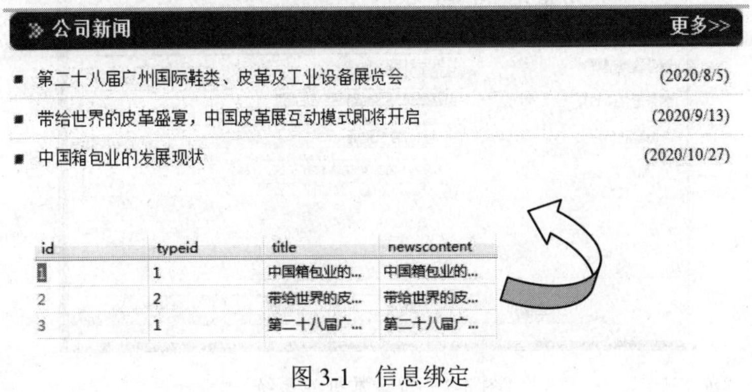

公司新闻　更多>>
第二十八届广州国际鞋类、皮革及工业设备展览会 (2020/8/5)
带给世界的皮革盛宴，中国皮革展互动模式即将开启 (2020/9/13)
中国箱包业的发展现状 (2020/10/27)

id	typeid	title	newscontent
1	1	中国箱包业的...	中国箱包业的...
2	2	带给世界的皮...	带给世界的皮...
3	1	第二十八届广...	第二十八届广...

图 3-1　信息绑定

项目分解

在本项目中，将通过以下 3 个任务，来学习和掌握网站中实现动态信息绑定的方法。

任务 1：创建数据库、数据表、存储过程。

任务 2：使用 C#编写数据库读操作。

任务 3：使用控件进行数据绑定。

任务 1　创建数据库、数据表、存储过程

本任务将采用 SQL Server 数据库来实现数据库、数据表、存储过程的创建。

SQL Server 2012 是 Microsoft 公司开发的系列数据库管理平台，是一个可信任的、智能的、高效的数据库系统平台，能满足大中型数据管理系统的需求。

相关知识

3.1.1　SQL Server 创建数据库、数据表

SQL Server 2012 中，创建数据库和数据表可以通过两种方式进行：通过数据库管理系统创建和通过 SQL 语句创建。下面就以创建一个 Student 数据库及 Student 数据表为例，分别介绍这两种方式下如何实现。

1. 通过数据库管理系统创建

1）启动并连接数据库

在“开始”菜单中依次选择“所有程序”→SQL Server 2012→SQL Server Management Studio Express 命令，启动 SQL Server 2012 数据库管理系统。登录数据库服务器，在“连接到服务器”对话框中单击“连接”按钮，即可连接到 SQL Server 2012 数据库服务器，如图 3-2 所示。

图 3-2　登录数据库系统

2）创建数据库 Student

在 SQL Server 2012 数据库管理系统左侧的“对象资源管理器”栏中右击“数据库”对象，在弹出的快捷菜单中选择“新建数据库”命令，如图 3-3 所示。

在弹出的“新建数据库”对话框右侧的“数据库名称”文本框中输入 student，然后单击“确定”按钮，如图 3-4 所示。

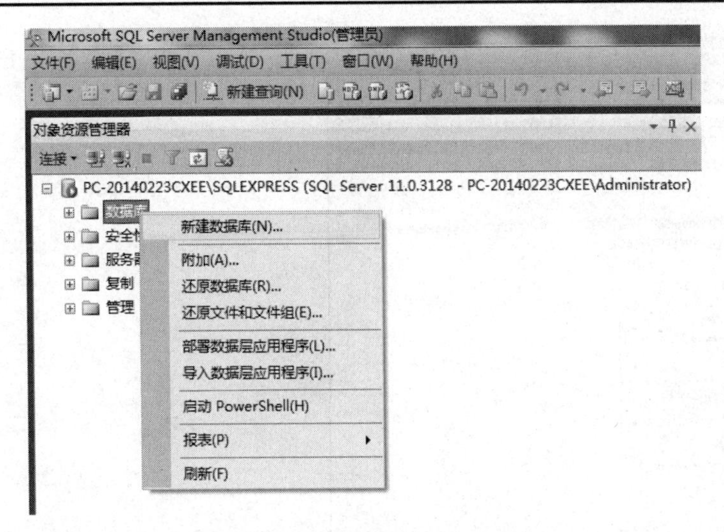

图 3-3　选择“新建数据库”命令

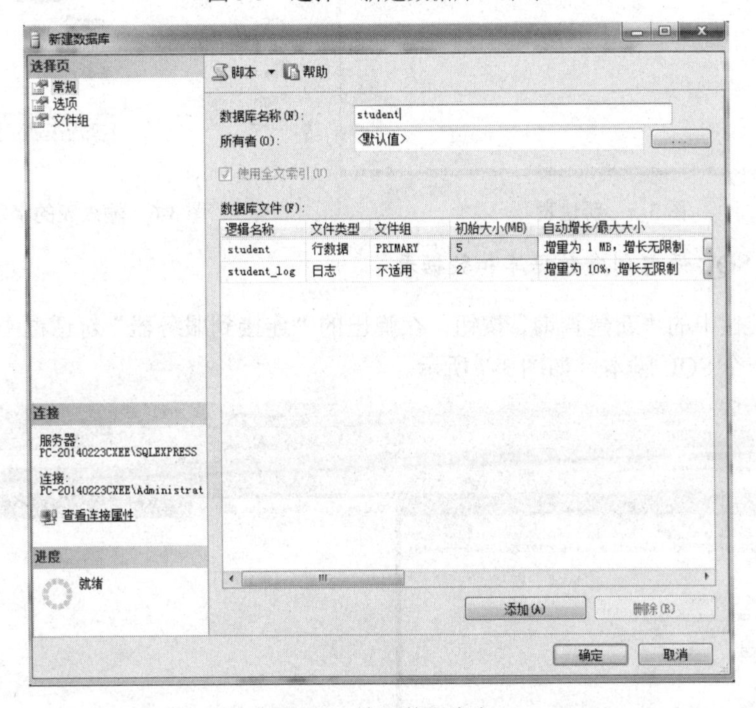

图 3-4　输入数据库名

3）在 Student 数据库中新建表 Student

单击“对象资源管理器”栏中的“刷新”按钮，以显示新建的数据库 Student。然后依次展开“数据库”→Student 选项，右击“表”项目，在弹出的快捷菜单中选择“新建表”命令，如图 3-5 所示。

在右侧的工作区中输入新建数据表的字段信息，如图 3-6 所示。

上述创建的数据表中，包含了学生学号（no）、姓名（name）、性别（sex）、年龄（age）、院系（dept）等基础信息。选择“文件”→“保存”命令，保存该表，并将其命名为 Student。

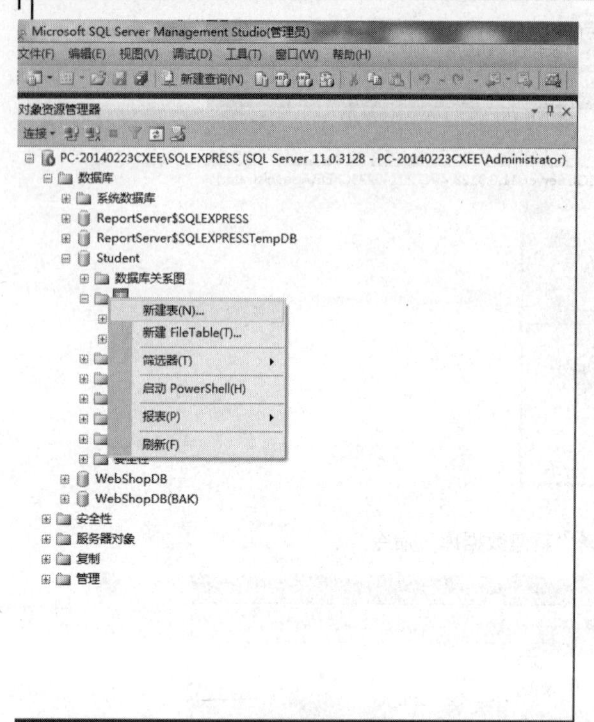

图 3-5　新建表

列名	数据类型	允许 Null 值
Sno	char(5)	☑
Sname	char(10)	☑
Ssex	bit	☑
Sage	int	☑
Sdept	char(15)	☑
		☐

图 3-6　输入表的字段信息

2. 使用 SQL 语句创建数据库和数据表

单击工具栏中的“新建查询”按钮，在弹出的“连接到服务器”对话框中单击“连接”按钮，新建一个 SQL 脚本，如图 3-7 所示。

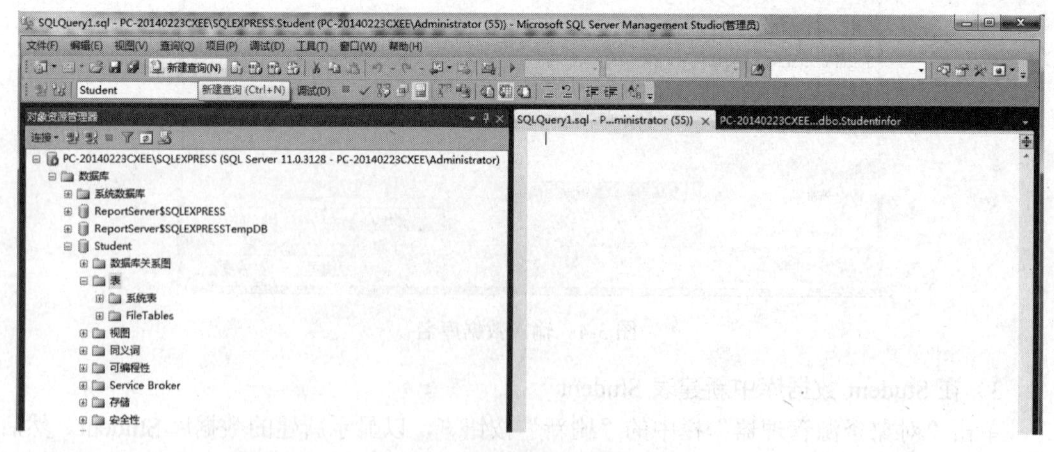

图 3-7　新建 SQL 脚本

在右侧的 SQL 脚本编辑区中输入如下 SQL 代码：

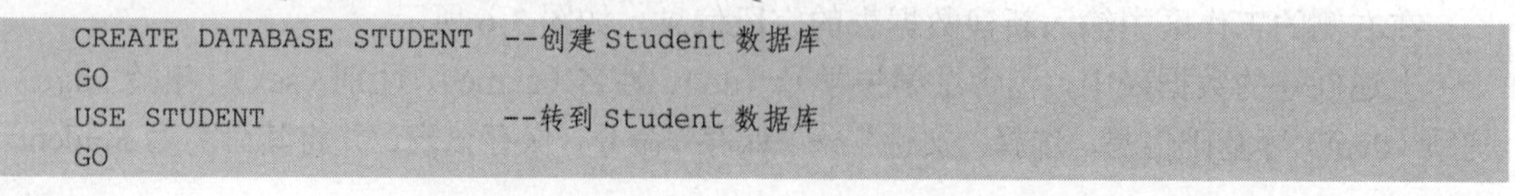

```
CREATE DATABASE STUDENT  --创建 Student 数据库
GO
USE STUDENT              --转到 Student 数据库
GO
```

```
CREATE TABLE STUDENT      --在 Student 数据库中创建表 Student
(
    Sno CHAR(5) PRIMARY KEY,
    Sname CHAR(10) NOT NULL,
    Ssex BIT,
    Sage INT,
    Sdept CHAR(15)
)
```

上述 SQL 语句创建了一个数据库 Student，并在该库中创建了一张数据表 Student，其中同样包含了学号（no）、姓名（name）、性别（sex）、年龄（age）、院系（dept）等 5 项基础学生信息。这里，读者只要掌握使用 SQL 语句创建数据库和数据表的基本操作就行，关于其具体语法将在项目 4 中进行介绍。

单击工具栏中的 ! 执行(X) 按钮，运行 SQL 语句，即可完成数据库与数据表的创建。

3.1.2　SQL Server 创建存储过程

存储过程（Stored Procedure）是一组能完成特定功能的 SQL 语句，经编译后存储在数据库中。用户通过指定存储过程的名字并给出参数（如果该存储过程带有参数）来执行它。

1. 为什么要用存储过程

存储过程具有以下优点。

（1）存储过程允许进行标准组件式编程（模块化设计）。

存储过程在被创建以后，可以在程序中被多次调用，而不必再重新编写该存储过程的 SQL 语句。开发者可随时对存储过程进行修改，而不会对应用程序源代码造成影响（因为应用程序源代码中只包含存储过程的调用语句），从而极大地提高了程序的可移植性。

（2）存储过程能够实现快速的执行速度。

如果某一操作包含大量的 Transaction SQL 代码，或需要被多次执行，那么为其创建存储过程要比创建批处理程序便捷得多，而且前者的执行速度要快很多。这是因为存储过程是预编译的，在首次运行后，查询优化器会对其进行分析和优化，并给出最终被保存在系统表中的执行计划；而批处理的 Transaction SQL 语句在每次运行时都要进行编译和优化，因此速度上要相对慢一些。

（3）存储过程能够减少网络流量。

对于一个针对数据库对象的操作，如查询修改某个数据，如果这一操作所涉及的 Transaction SQL 语句被组织成一个存储过程，那么当用户调用该存储过程时，网络中传送的只是该调用语句（否则将是多条 SQL 语句），因此能大大减少网络流量，降低网络负载。

（4）存储过程可被作为一种安全机制来充分利用。

这是因为对某一存储过程的执行权限进行限制后，可以对相应的数据访问权限进行限制。

2. 创建存储过程

在 SQL Server 中，存储过程分为两类：系统提供的存储过程和用户自定义的存储过程。

打开 SQL Server 2012 的管理工具，选中需要创建存储过程的数据库，展开“可编程性”选项，右击“存储过程”选项，在弹出的快捷菜单中选择“新建存储过程”命令，将在右侧打开一个编辑窗口，里面显示的即是系统生成的 SQL Server 创建存储过程的语句。

将存储过程的名字、参数、操作语句写好后，进行语法分析。如果没有错误，即可按 F5 键运行。此时，一个存储过程即创建完毕。

创建存储过程的语法格式如下：

```
CREATE PROCEDURE 存储过程名
参数 1,参数 2,…
As
Declare 参数 1,参数 2,…
Set 参数 1 的初始值
Set 参数 2 的初始值
...
Begin trascation
Commit trascation
Return
```

CREATE PROCEDURE 语句表示这里创建了一个存储过程，后面的参数列表表示需要传入的参数，如果有多个参数，参数间用逗号隔开。As 之后的语句为主体语句，即该存储过程要执行的操作。首先是定义和初始化内部参数，然后是具体的操作语句，最后通过 Return 语句返回。

注意：在 SQL Server 中使用 Declare 语句声明变量时，必须在变量前加上@符号。例如：

```
--声明一个变量
Declare @I INT
--进行变量赋值，使用 set 关键字
Set @I = 30
--声明多个变量
Declare @s varchar(10),@a INT
```

以下是一个基本存储过程的代码：

```
CREATE PROCEDURE Get_Data
(
   @Dealer_ID VARCHAR(50)
)
AS
SELECT * FROM myData WHERE Dealer_ID = @Dealer_ID
```

任务实施

本任务将在数据库中创建新闻信息表，并编写读取新闻信息的存储过程。

步骤 1： 在 SQL Server 中创建 WebShopDB 数据库。

打开 SQL Server Management Studio Express，启动 SQL Server 2012 数据库管理系统，参考前面的方法创建 WebShopDB 数据库，如图 3-8 所示。

步骤 2： 在 WebShopDB 数据库中创建 news 表。

选取 WebShopDB 数据库，新建查询，并输入如下 SQL 语句，如图 3-9 所示。

PC-20140223CXEE\SQLEXPRESS (SQL Server 11.0.3128
数据库
系统数据库
ReportServer$SQLEXPRESS
ReportServer$SQLEXPRESSTempDB
WebDB
WebShopDB

图 3-8　创建 WebShopDB 数据库

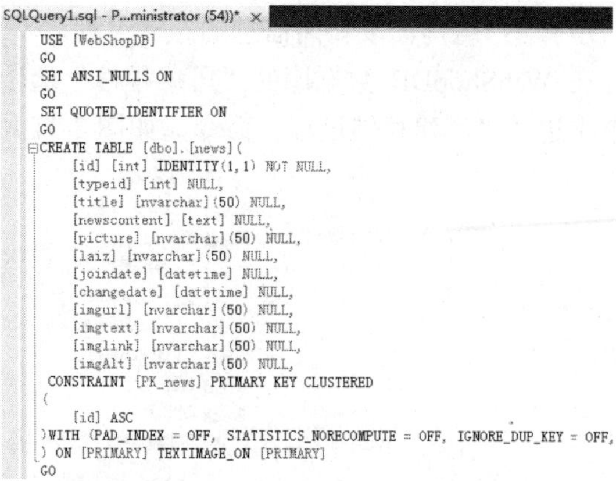

SQLQuery1.sql - P...ministrator (54))*

```
USE [WebShopDB]
GO
SET ANSI_NULLS ON
GO
SET QUOTED_IDENTIFIER ON
GO
CREATE TABLE [dbo].[news](
    [id] [int] IDENTITY(1,1) NOT NULL,
    [typeid] [int] NULL,
    [title] [nvarchar](50) NULL,
    [newscontent] [text] NULL,
    [picture] [nvarchar](50) NULL,
    [laiz] [nvarchar](50) NULL,
    [joindate] [datetime] NULL,
    [changedate] [datetime] NULL,
    [imgurl] [nvarchar](50) NULL,
    [imgtext] [nvarchar](50) NULL,
    [imglink] [nvarchar](50) NULL,
    [imgAlt] [nvarchar](50) NULL,
 CONSTRAINT [PK_news] PRIMARY KEY CLUSTERED
(
    [id] ASC
)WITH (PAD_INDEX = OFF, STATISTICS_NORECOMPUTE = OFF, IGNORE_DUP_KEY = OFF,
) ON [PRIMARY] TEXTIMAGE_ON [PRIMARY]
GO
```

图 3-9　输入新建 news 表的 SQL 语句

新建 news 表的 SQL 语句如下：

```
USE [WebShopDB]
GO
SET ANSI_NULLS ON
GOSET QUOTED_IDENTIFIER ON
GO
CREATE TABLE [dbo].[news](
    [id] [int] IDENTITY(1,1) NOT NULL,
    [typeid] [int] NULL,
    [title] [nvarchar](50) NULL,
    [newscontent] [text] NULL,
    [picture] [nvarchar](50) NULL,
    [laiz] [nvarchar](50) NULL,
    [joindate] [datetime] NULL,
    [changedate] [datetime] NULL,
    [imgurl] [nvarchar](50) NULL,
    [imgtext] [nvarchar](50) NULL,
    [imglink] [nvarchar](50) NULL,
    [imgAlt] [nvarchar](50) NULL,
    CONSTRAINT [PK_news] PRIMARY KEY CLUSTERED
     (
     [id] ASC
    )WITH (PAD_INDEX = OFF, STATISTICS_NORECOMPUTE = OFF, IGNORE_DUP_KEY = OFF,
ALLOW_ROW_LOCKS = ON, ALLOW_PAGE_LOCKS = ON) ON [PRIMARY]
) ON [PRIMARY] TEXTIMAGE_ON [PRIMARY]
GO
```

步骤 3： 在 news 表中插入样例数据。

右击 dbonews 选项，在弹出的快捷菜单中选择“编辑前 200 行”命令，然后在 news 表中输入样例数据，如图 3-10 所示。

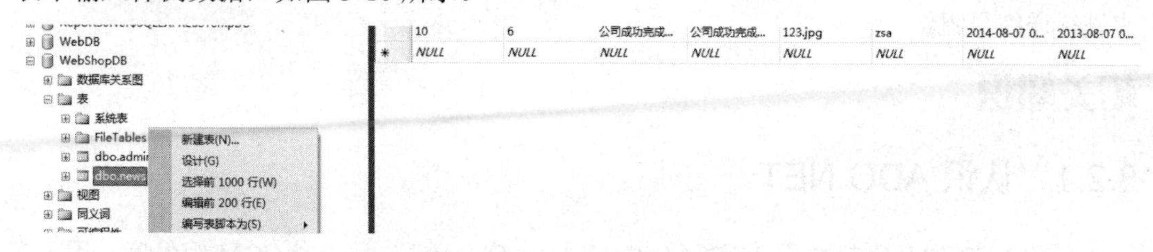

图 3-10　插入样例数据

步骤 4：编写读取新闻信息的存储过程。

在 WebShopDB 数据库的“可编程性”选项下右击“存储过程”选项，在弹出的快捷菜单中选择“新建存储过程”命令，如图 3-11 所示。

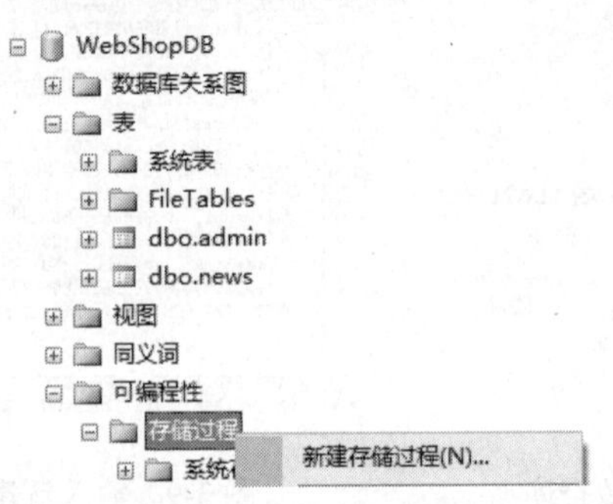

图 3-11　创建读取新闻的存储过程

在右边的编辑区中输入如下 SQL 语句：

```
USE [WebShopDB]
GO
SET ANSI_NULLS ON
GO
SET QUOTED_IDENTIFIER ON
GO
Create PROCEDURE [dbo].[sp_getdatabyCondition]
  @tablename nvarchar(50),
  @conlumns nvarchar(200),
  @condition nvarchar(200)
AS
BEGIN
  DECLARE @sql nvarchar(1000)
  SET @sql='select '+ @conlumns +' from  '+@tablename+ ' ' +@condition
  EXEC(@sql)
END
```

任务 2　使用 C#编写数据库读操作

数据库具有强大、灵活的后端数据管理与存储能力。本任务中，将根据 ADO.NET 对象，用 C#编写代码，读取新闻表中的信息。

前面介绍过，信息读取的过程就是通过高级语言（如 C#）来操作后台数据库的过程。在 C#中操作数据库，可利用 ASP.NET 提供的 ADO.NET 组件库来实现信息读取。下面就来进行详细介绍。

相关知识

3.2.1　认识 ADO.NET

ADO.NET 的名称起源于 ADO（ActiveX Data Objects），是一个 COM 组件库，用于在

Microsoft 技术中访问数据。之所以使用 ADO.NET 这个名称，是因为 Microsoft 希望表明，这是在.NET 编程环境中优先使用的数据访问接口。

ADO.NET 是一组向.NET Framework 程序员公开数据访问服务的类。它提供了对关系数据、XML 和应用程序数据的访问，因此是.NET Framework 中不可缺少的一部分。ADO.NET 支持多种开发需求，包括创建由应用程序、工具、语言或 Internet 浏览器使用的前端数据库客户端和中间层业务对象。

从架构上来说，ADO.NET 体系分为如下两类。

❖ 连接处理：该部分用于处理与数据库连接、获取数据源的数据或者执行数据库命令。

❖ 断开处理：该部分用于处理离线编辑与处理数据，在处理完成后交由连接处理，进行数据更新。

注意：除 DataAdapter 对象（该对象用于在连接与断开之间保持桥接作用）外，大多数类都属于这两大类中的某一类。

ADO.NET 的总体结构图如图 3-12 所示。

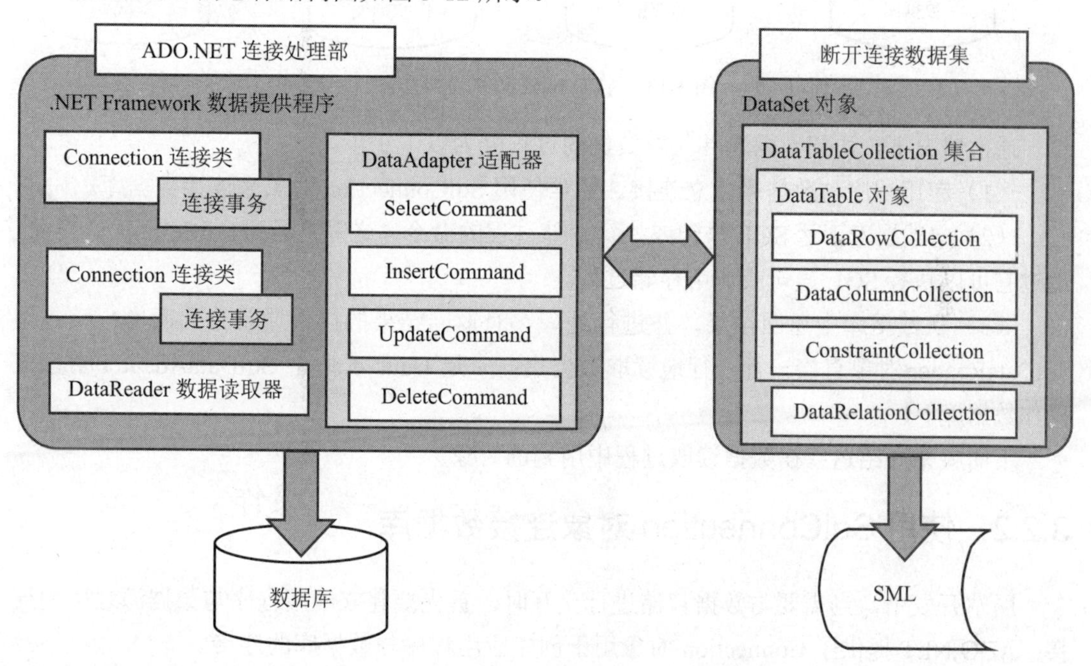

图 3-12　ADO.NET 总体结构图

由图 3-12 可以看出，ADO.NET 通过数据处理，将数据访问分解为多个可以单独使用或一前一后使用的不连续组件。

通过使用不同的数据提供程序，ADO.NET 可以访问不同的数据库模型。数据提供程序提供了访问数据库、执行 SQL 语句以及接收数据库数据的命令，从而在数据库和 ASP.NET 应用程序之间架起了一座桥梁。.NET Framework 中共内置了 4 类数据提供程序，如图 3-13 所示。本项目中采用的是 SQL Server 数据库。

ADO.NET DataSet 是专门为独立于数据源的数据访问设计的，因此可以用于不同的数据源，如用于 XML 数据，或用于管理应用程序的本地数据。DataSet 包含一个或多个 DataTable 对象的集合，这些对象由数据行、数据列及 DataTable 对象中数据的主键、外键、约束、关系等信息组成。

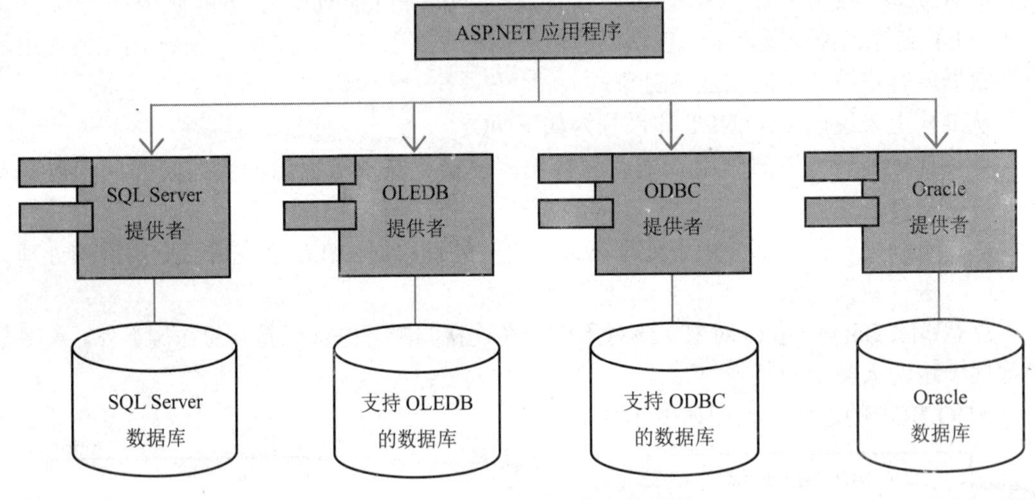

图 3-13　ADO.NET 提供者模型图

通常情况下，访问数据库并获取数据的过程分为以下 3 步。

（1）应用程序与数据库建立连接。通常使用 SqlConnection 对象来连接数据库。

（2）向数据库下达 SQL 语句或执行存储过程的命令。这里要用到 SqlCommand 对象，通过它可以执行 SQL 语句或调用存储过程。

（3）从数据库中返回结果，并进行处理。对返回结果的操作通常分为两类：一是用 SqlDataReader 对象直接一行一行地读取数据集；二是 DataSet 联合 SqlDataAdapter 对象来操作数据库。

下面就来介绍这些在数据读取过程中用到的对象。

3.2.2　使用 SqlConnection 对象连接数据库

网站开发中，当需要与数据存储进行交互时，首先要建立应用程序与数据源之间的连接。ADO.NET 提供了 Connection 对象用于创建应用程序与数据库的连接。

SqlConnection 类是用于建立与 SQL Server 服务器连接的类。其命名空间为 System.Data.SqlClient.SqlConnection。为了构建一个 ASP.NET 应用程序到数据库的连接，需要为 SqlConnection 对象提供一个到指定数据源的连接字符串。

首先，需要实例化连接对象，并打开连接。代码如下：

```
SqlConnection sqlCnt = new SqlConnection(connectString);
sqlCnt.Open();
```

使用完毕后，还需要关闭连接对象。代码如下：

```
sqlCnt.Close();
```

3.2.3 使用 SqlCommand 对象操作数据库

在应用程序与数据库建立连接后，接下来需要执行从数据库中读取、添加、更改、删除数据的操作。ADO.NET 中，使用 Command 对象向数据库下达 SQL 指令，以及从数据库中获取查询结果等。

SqlCommand 对象的命名空间为 System.Data.SqlClient.SqlCommand。下面来对其进行详细介绍。

1. SqlCommand 的常用属性和方法

SqlCommand 对象的常用属性如下。

❖ ActiveConnection：获取或设置与 Command 对象关联的已打开的连接对象。

❖ CommandText：获取或设置要对数据源执行的 SQL 语言、存储过程名或表名。

❖ CommandTimeOut：获取或设置在终止对执行命令的尝试并生成错误之前的等待时间。

❖ CommandType：获取或设置 Command 对象要执行命令的类型。

❖ Connection：获取或设置此 Command 对象使用的 Connection 对象的名称。

❖ Name：指定 Command 对象的名字。

❖ Parameters：获取 Command 对象需要使用的参数的集合。

注意：CommandType 属性用来获取或设置 Command 对象要执行命令的类型，默认值为 Text。当针对 SQL 语句进行操作时，代码如下：

```
command.CommandType = CommandType.Text;
```

当针对存储过程进行操作时，代码如下：

```
command.CommandType = CommandType.StoredProcedure;
```

当针对整张表进行操作时，代码如下：

```
command.CommandType = CommandType.TableDirect;
```

实例化一个 SqlCommand 对象的操作方式为：

```
SqlCommand command = new SqlCommand();
command.Connection = sqlCnt;   //绑定 SqlConnection 对象
```

也可以直接从 SqlCommandConnection 进行创建：

```
SqlCommand command = sqlCnt.CreateCommand();
```

SqlCommand 对象的常用方法如下。

❖ ExecuteNonQuery：执行 SQL 语句，并返回受影响的行数。

❖ ExecuteScalar：执行查询，并返回查询所得结果集中的第一行第一列，而忽略其他列或行。

❖ ExecuteReader：执行返回数据集 Select 语句。

2. SqlCommand 的常用操作示例

SqlCommand 对象可以根据指定 SQL 语句的功能，来选择 SelectCommand、InsertCommand、UpdateCommand 和 DeleteCommand 命令。

执行 SQL 语句时，代码如下：

```
SqlCommand cmd = conn.CreateCommand();                    //创建 SqlCommand 对象
cmd.CommandType = CommandType.Text;
cmd.CommandText = "select * from products = @ID";         //SQL 语句
cmd.Parameters.Add("@ID", SqlDbType.Int);
cmd.Parameters["@ID"].Value = 1;                          //给 SQL 语句的参数赋值
```

调用存储过程时，代码如下：

```
SqlCommand cmd = conn.CreateCommand();
cmd.CommandType = System.Data.CommandType.StoredProcedure;
cmd.CommandText = "存储过程名";
```

调用整张表时，代码如下：

```
SqlCommand cmd = conn.CreateCommand();
cmd.CommandType = System.Data.CommandType.TableDirect;
cmd.CommandText = "表名";
```

3.2.4 使用 SqlDataReader 对象读取数据

用于读取数据的对象主要有两类：DataReader 和 DataSet。

DataReader 对象是数据读取器，它以基于连接的、快速的、未缓冲的及只向前移动的方式来读取数据，一次读取一条记录，然后遍历整个结果集。

SqlDataReader 对象常用于检索大量数据。其命名空间为 System.Data.SqlClient.SqlDataReader。

SqlDataReader 对象常用的属性如下。

- ❖ FieldCount：获取当前行的列数。
- ❖ RecordsAffected：获取执行 SQL 语句所更改、添加或删除的行数。

SqlDataReader 对象常用的方法如下。

- ❖ Read：使 DataReader 对象前进到下一条记录。
- ❖ Close：关闭 DataReader 实例。
- ❖ Get：用来读取数据集当前行中某一列的数据。

其中，Read()方法的返回值是一个布尔值，作用是前进到下一条数据，并一条条地返回数据。当布尔值为真时执行，为假时跳出。例如：

```
SqlCommand command = new SqlCommand();
command.Connection = sqlCnt;
command.CommandType = CommandType.Text;
command.CommandText = "Select * from Users";
SqlDataReader reader = command.ExecuteReader();  //执行 SQL，返回一个“流”
while (reader.Read())
{
```

```
    Console.Write(reader["username"]);  // 打印出每个用户的用户名
}
```

DataReader 对象为用户查询数据时的过程如图 3-14 所示。

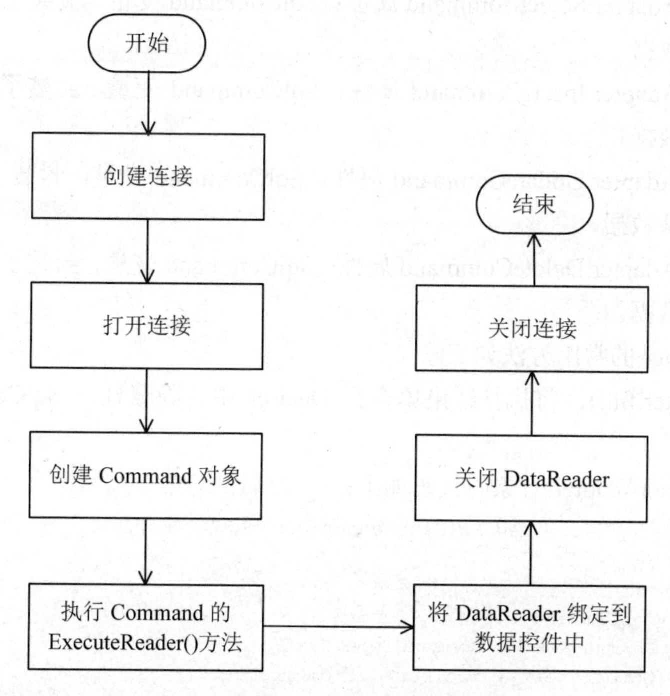

图 3-14　DataReader 对象查询数据过程

3.2.5　使用 DataSet 对象读取数据

DataSet 是 ADO.NET 中的核心概念，是支持 ADO.NET 断开式、分布式数据方案的核心对象。DataSet 是离线数据集，用来将数据库中的数据读取到内存中。

DateSet 对象可以包含任意数量的数据表，以及所有表的约束、索引和关系，相当于一个小型关系数据库。一个 DataSet 对象包括一组 DataTable 对象和 DataRelation 对象。其中每个 DataTable 对象由 DataColumn、DataRow 和 DataRelation 对象组成。多个 DataTable 之间具有一些主从关系，这些关系保存在 DataSet 对象的 DataRelation 集合中。

下面首先来认识几个与 DataSet 密切相关的对象。

1. SqlDataAdapter 对象

在 ADO.NET 中，创建数据集 DataSet 的方法有多种，其中，可以通过 SqlDataAdapter 对象，用现有关系数据源中的数据表填充 DataSet。

SqlDataAdapter 对象是 DataSet 对象和数据源之间联系的桥梁。大多数情况下，使用 DataAdapter 从数据源中取出数据，直接填充到 DataSet 中，这样可以从数据库的架构中获取到完整的表、关系以及约束信息。除此之外，也可以使用 SqlDataAdapter 对象将离线状态下编辑的数据更新回数据库。

SqlDataAdapter 的命名空间为 System.Data.SqlClient.SqlDataAdapter。

SqlDataAdapter 的 4 个常用属性如下。

- myDataAdapter.SelectCommand 属性：SqlCommand 变量，封装了 Select 语句，用于检索数据。
- myDataAdapter.InsertCommand 属性：SqlCommand 变量，封装了 Insert 语句，用于插入数据。
- myDataAdapter.UpdateCommand 属性：SqlCommand 变量，封装了 Update 语句，用于更新数据。
- myDataAdapter.DeleteCommand 属性：SqlCommand 变量，封装了 Delete 语句，用于删除数据。

SqlDataAdapter 的常用方法如下。

myDataAdapter.fill()：将执行结果填充到 Dataset 中、隐藏打开 SqlConnection 并执行 SQL 等操作。

实例化 SqlDataAdapter 对象的代码如下：

```
SqlConnection sqlCnt = new SqlConnection(connectString);
sqlCnt.Open();
//创建 SqlCommand
SqlCommand mySqlCommand = new SqlCommand();
mySqlCommand.CommandType = CommandType.Text;
mySqlCommand.CommandText = "select * from product";
mySqlCommand.Connection = sqlCnt;
//创建 SqlDataAdapter
SqlDataAdapter myDataAdapter = new SqlDataAdapter();
myDataAdapter.SelectCommand = mySqlCommand; /*为 SqlDataAdapter 对象绑定所要执行的
SqlCommand 对象*/
```

上述 SQL 语句可以简化为：

```
SqlConnection sqlCnt = new SqlConnection(connectString);
sqlCnt.Open();
//隐藏了 SqlCommand 对象的定义，同时隐藏了 SqlCommand 对象与 SqlDataAdapter 对象的绑定
SqlDataAdapter myDataAdapter = new SqlDataAdapter("select * from product", sqlCnt);
```

2. SqlCommandBuilder 对象

SqlDataAdapter 对 DataSet 的操作（如更改、增加、删除等）仅是在本地进行修改；若要将其提交到数据库中，则需要使用 SqlCommandBuilder 对象。

SqlCommandBuilder 用于在客户端编辑完数据后，整体一次更新数据。其命名空间为 System.Data.SqlClient.SqlCommandBuilder。

SqlCommandBuilder 的具体用法如下：

```
SqlCommandBuilder mySqlCommandBuilder = new SqlCommandBuilder(myDataAdapter);
//为 myDataAdapter 赋予 SqlCommandBuilder 功能
myDataAdapter.Update(myDataSet, "表名");   /*向数据库提交更改后的 DataSet，第二个参数为
DataSet 中的存储表名，并非数据库中真实的表名（二者在多数情况下一致）*/
```

3. DataSet

DataSet 的命名空间为 System.Data.DataSet。

DataSet 的常用属性如下。

- Tables：获取包含在 DataSet 中的表的集合。
- Relations：获取用于将表链接起来并允许从父表浏览到子表的关系的集合。
- HasEroors：表明是否已经初始化 DataSet 对象的值。

DataSet 的常用方法如下。

- Clear：清除 DataSet 对象所有表中的数据。
- Clone：复制 DataSet 对象的结构到另外一个 DataSet 对象中，复制内容包括所有的结构、关系和约束，但不包含任何数据。
- Copy：复制 DataSet 对象的数据和结构到另外一个 DataSet 对象中。两个 DataSet 对象完全一样。
- CreateDataReader：为每个 DataTable 对象返回带有一个结果集的 DataTableReader，顺序与 Tables 集合中表的显示顺序相同。
- Dispose：释放 DataSet 对象占用的资源。
- Reset：将 DataSet 对象初始化。

使用 DataSet 的第一步，就是将 SqlDataAdapter 返回的数据集（表）填充到 Dataset 对象中，代码如下：

```
SqlDataAdapter myDataAdapter = new SqlDataAdapter("select * from product", sqlCnt);
DataSet myDataSet = new DataSet();              //创建 DataSet
myDataAdapter.Fill(myDataSet, "product");      /*将返回的数据集作为表填入 DataSet 中，表名可
以与数据库真实的表名不同，并不影响后续的增、删、改等操作*/
```

（1）访问 DataSet 中的数据。

示例：

```
SqlDataAdapter myDataAdapter = new SqlDataAdapter("select * from product", sqlCnt);
DataSet myDataSet = new DataSet();
myDataAdapter.Fill(myDataSet, "product");

DataTable myTable = myDataSet.Tables["product"];
foreach (DataRow myRow in myTable.Rows) {
    foreach (DataColumn myColumn in myTable.Columns) {
        Console.WriteLine(myRow[myColumn]);  //遍历表中的每个单元格
    }
}
```

（2）修改 DataSet 中的数据。

示例：

```
SqlDataAdapter myDataAdapter = new SqlDataAdapter("select * from product", sqlCnt);
DataSet myDataSet = new DataSet();
myDataAdapter.Fill(myDataSet, "product");

//修改 DataSet
```

```
DataTable myTable = myDataSet.Tables["product"];
foreach (DataRow myRow in myTable.Rows) {
    myRow["name"] = myRow["name"] + "商品";
}

//将 DataSet 的修改提交至数据库
SqlCommandBuilder mySqlCommandBuilder = new SqlCommandBuilder(myDataAdapter);
myDataAdapter.Update(myDataSet, "product");
```

注意：在修改、删除等操作中，表 product 必须定义主键，select 的字段中也必须包含主键，否则会提示错误："对于不返回任何键列信息的 SelectCommand，不支持 UpdateCommand 的动态 SQL 生成。"

（3）增加一行数据。

示例：

```
SqlDataAdapter myDataAdapter = new SqlDataAdapter("select * from product", sqlCnt);
DataSet myDataSet = new DataSet();
myDataAdapter.Fill(myDataSet, "product");
DataTable myTable = myDataSet.Tables["product"];
//添加一行
DataRow myRow = myTable.NewRow();
myRow["name"] = "捷安特";
myRow["price"] = 13.2;
//myRow["id"] = 100; //id 若为“自动增长”，此处可以不设置，即便设置也无效
myTable.Rows.Add(myRow);
//将 DataSet 的修改提交至数据库
SqlCommandBuilder mySqlCommandBuilder = new SqlCommandBuilder(myDataAdapter);
myDataAdapter.Update(myDataSet, "product");
```

（4）删除一行数据。

示例：

```
SqlDataAdapter myDataAdapter = new SqlDataAdapter("select * from product", sqlCnt);
DataSet myDataSet = new DataSet();
myDataAdapter.Fill(myDataSet, "product");
//删除第一行
DataTable myTable = myDataSet.Tables["product"];
myTable.Rows[0].Delete();
SqlCommandBuilder mySqlCommandBuilder = new SqlCommandBuilder(myDataAdapter);
myDataAdapter.Update(myDataSet, "product");
```

（5）释放资源。

资源使用完毕后，应及时关闭连接和释放资源，具体方法如下：

```
myDataSet.Dispose();          //释放 DataSet 对象
myDataAdapter.Dispose();      //释放 SqlDataAdapter 对象
myDataReader.Dispose();       //释放 SqlDataReader 对象
sqlCnt.Close();               //关闭数据库连接
sqlCnt.Dispose();             //释放数据库连接对象
```

DataSet 对象为用户查询数据时的过程如图 3-15 所示。

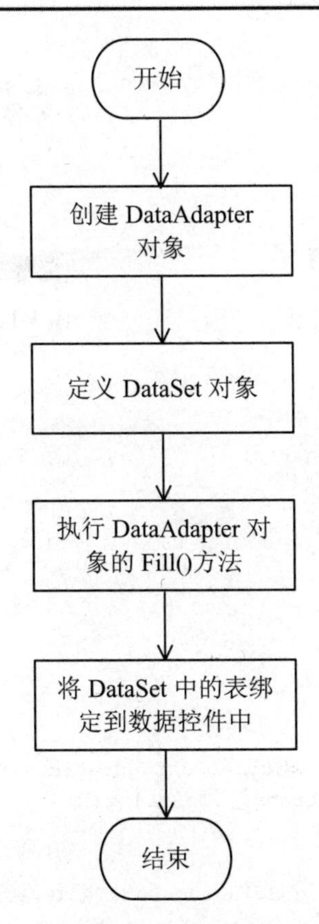

图 3-15　DataSet 对象查询数据过程

任务实施

本任务将根据 ADO.NET 对象，用 C#编写代码，读取新闻表中的信息。

步骤 1：为网站添加数据库连接信息。

在网站的 webCompany 中添加一个名为 Web.config 的文件，如图 3-16 所示。

编辑加入数据库连接字符串的代码如下：

```
<?xml version="1.0" encoding="utf-8"?>
<configuration>
   <connectionStrings>
   <add name="WebDBConnectionString" connectionString="Data Source=teach\SQLEXPRESS;
      Initial Catalog=WebShopDB;Integrated Security=True"
      providerName="System.Data.SqlClient" />
   </connectionStrings>
   <system.web>
   </system.web>
</configuration>
```

步骤 2：编写 DAL 层相关类连接和读取数据的方法。

打开 webCompany 网站根目录，在 App_Code 目录中新建 DAL 文件夹，然后在该文件夹中新建一个 SqlDataHelper 类，如图 3-17 所示。

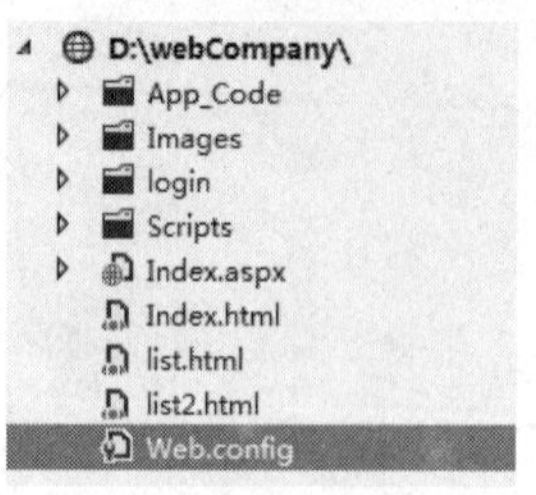

图 3-16　添加数据库连接信息

图 3-17　编写 SqlDataHelper 类代码

SqlDataHelper 类的代码如下：

```
using System;
using System.Collections.Generic;
using System.Web;
using System.Data;
using System.Data.SqlClient;
public class SqlDataHelper
{
    public static string ConnString
    {
        get
        {
         return System.Configuration.ConfigurationManager.ConnectionStrings
           ["WebDBConnectionString"].ToString();
        }
    }
public static DataTable SelectSqlReturnDataTable(string sql, CommandType type,
  SqlParameter[] pars)
{
   SqlConnection conn = new SqlConnection(ConnString);
   SqlDataAdapter sda = new SqlDataAdapter(sql, conn);
   if (pars != null && pars.Length > 0)
   {
           foreach (SqlParameter p in pars)
           {
           sda.SelectCommand.Parameters.Add(p);
           }
        }
        sda.SelectCommand.CommandType = type;
        DataTable dt = new DataTable();
        sda.Fill(dt);
        return dt;
    }
}
```

步骤 3：编写 BLL 层相关类的读取信息方法。

用同样的方法新建一个 CommTool 类，并编写代码如下：

```
using System;
using System.Collections.Generic;
using System.Web;
using System.Data;
using System.Data.SqlClient;
```

```
public class CommTool
{
    /// 执行一个查询语句，返回数据表对象
    /// </summary>
    /// <param name="tablename">要查询的表或视图名称</param>
    /// <param name="columns">要查询的列</param>
    /// <param name="condition">条件</param>
    /// <returns>datatable</returns>
    public DataTable getDataBycondition(string tablename, string columns, string condition)
    {
        SqlParameter[] pars = new SqlParameter[]{
        new SqlParameter("@tablename",tablename),
        new SqlParameter("@conlumns",columns),
        new SqlParameter("@condition",condition)   };
        return SqlDataHelper.SelectSqlReturnDataTable("sp_getdatabyCondition",
        CommandType. StoredProcedure, pars);
    }
}
```

任务3 使用控件进行数据绑定

数据绑定是指数据与控件相互结合的方式。在ASP.NET中，可以直接使用ADO.NET访问数据库，获取数据源并绑定到服务器控件上。

本任务将介绍在主页中通过相关控件和代码，动态地绑定新闻信息。

相关知识

3.3.1 数据绑定

ADO.NET中虽然提供了大量用于数据库连接、数据处理的类库，但却没有提供类似的DbText组件、DbList组件、DbLable组件、DbCombox组件等。要想把数据记录以ComBox、ListBox等形式显示处理，使用数据绑定技术是最为方便、直接的方法。

所谓数据绑定技术，就是把已经打开的数据集中的某个或某些字段绑定到组件某些属性上的一种技术。说得具体些，就是把已经打开数据的某个或者某些字段绑定到Text、ListBox、ComBox等组件能够显示数据的属性上面。当对组件完成数据绑定后，其显示字段的内容将随着数据记录指针的变化而变化。这样，程序员就可以定制数据的显示方式和内容，从而为以后的数据处理做好准备。

数据绑定是Visual C#进行数据库编程的基础和最为重要的一步。只有掌握了数据绑定方法，才可以对数据集中的记录进行浏览、删除、插入等具体的操作处理。

根据使用的组件，可将数据绑定分为两种：简单型的数据绑定和复杂型的数据绑定。

所谓简单型的数据绑定，就是绑定后组件显示出来的字段只是单个记录。这种绑定一般使用在显示单个值的组件上，如TextBox组件和Label组件。而复杂型的数据绑定就是绑定后的组件显示出来的字段是多个记录，这种绑定一般使用在显示多个值的组件上，如

ComBox 组件、ListBox 组件等。

数据绑定的常见使用方式有<%# 表达式 %>、DataSource 属性绑定数据源、数据源控件、Eval 方法，下面分别介绍这几种绑定方式。

3.3.2 使用<%# 表达式 %>进行数据绑定

使用<%# 表达式 %>进行数据绑定时，无论是对 HTML 标记，还是对 Web 服务器控件，都是实用的。

1. 属性绑定

例如，将 HTML 文本框文本绑定到页面的一个字段 name 上（注：这个字段必须为公有字段或受保护字段，即访问修饰符为 public 或 protected），在 HTML 源中可以这样绑定：

```
<INPUT type="text" value="<%# name %>">
```

2. 集合绑定

（1）Web 服务器控件绑定。

示例：

```
<asp:ListBox id="List1" datasource='<%# myArray %>' runat="server">
```

上述代码将数组 myArray 绑定到 ListBox 控件。

（2）表达式的绑定。

示例：

```
<%# ( customer.First Name + " " + customer.LastName ) %>
```

（3）方法的绑定。

示例：

```
<%# GetBalance(custID) %>
```

3.3.3 使用 DataSource 属性绑定数据源

通常使用 DataSource 属性进行数据源绑定的为 list-bound 控件（连接到数据源并把来自数据源的数据显示出来的 Web 服务器控件）。

常用的控件有如下几类。

- CheckBoxList：复选框组，可通过数据绑定动态生成。
- GridView：像在表格中一样，分列显示数据源的字段。
- DataList：用来显示模板定义的数据绑定列表。
- DropDownList：单选下拉列表框控件。
- ListBox：允许单选或多选的列表控件。
- RadioButtonList：可通过数据绑定自动生成一组单选按钮。

DataSet 可看成是内存中的一个虚拟数据库，我们只要将 list-bound 控件的 DataSource

属性链接到数据源，ASP.NET 会自动给 list-bound 控件填充数据。

把 list-bound 控件同一个 DataSet 绑定在一起时，必须设置以下属性。

❖ DataSource：指定包含数据的 DataSet。

❖ DataMember：因为 DataSet 中可能有多个数据表，所以指定要显示的 DataTable 表名。

❖ DataTextField：指定将在列表中显示的 DataTable 字段。

❖ DataValueField：指定 DataTable 中的某个字段，此字段将成为列表中被选中的值。

使用 DataSource 数据源后，还需要调用 list-bound 控件的 DataBind 方法来连接 DataSet、DataReader 等数据源。例如：

```
CheckBoxList.DataBind();
```

下面来看一个完整的绑定示例（与 DataSet 数据源的绑定）：

```
private void Page_Load(object sender, System.EventArgs e){
    //防止重复绑定
    if (!IsPostBack) {
        //连接数据库，并从数据库中读取数据存入 DataSet 中
        string connString = System.Configuration.ConfigurationManager.
        ConnectionStrings["connString"].ToString();
        DataSet ds = new DataSet();
        SqlDataAdapter ada = new SqlDataAdapter("SELECT * FROM Products", connString);
        ada.Fill(ds);
        //以下是数据绑定需要的代码
        this.DrListCompany.DataSource = ds;
        this.DrListCompany.DataMember = "Table";
        this.DrListCompany.DataTextField = "ProductName";
        this.DrListCompany.DataValueField = "ProductID";
        this.DrListCompany.DataBind();
    }
}
```

DataTextFiled 和 DataValueField 两个属性值分别用于绑定不同的字段，前者表示控件显示出的字段，后者表示控件代表的值。当使用如下代码：

```
Response.Write(this.DrListCompany.SelectedValue);
```

输出所选控件的值时，打印的是 DataValueField 属性中绑定的字段 ProductID 的值。

再来看一个与 DataReader 数据源进行绑定的示例：

```
SqlCommand cmd=new SqlCommand("SELECT upplierID,CompanyName FROM Suppliers", conn);
conn.Open();
SqlDataReaderreader=cmd.ExecuteReader();
this.DrListCompany.DataSource=reader;
this.DrListCompany.DataTextField="CompanyName";
this.DrListCompany.DataValueField="SupplierID";
this.DrListCompany.DataBind();
//绑定完成后才能关闭 DataReader 对象和连接对象
reader.Close();
cmd.Connection.Close();
```

DataSet 与 DataReader 的比较如表 3-1 所示。

表 3-1　DataSet 与 DataReader 的比较

分　　类	DataSet	DataReader
属性比较	读或写数据	只读数据
	包含多个来自不同数据库的表	单个数据库中的表
	非连接模式	连接模式
	绑定到多个控件	只能绑定到一个控件
	向前或向后浏览数据	只能向前浏览数据
	较慢的访问速度	较快的访问速度

3.3.4　使用数据源控件绑定数据源

ASP.NET 内置了多种数据源控件，以辅助用户开发复杂的数据绑定页面和数据操作功能。数据源控件允许开发人员连接多种数据库、数据文件（XML 文件），并提供了数据检索及数据操作等多种复杂的功能。

使用数据源控件可以极大地减轻开发人员的工作，使他们可以不编写任何代码或者只编写很少的代码，就可以完成页面数据绑定和数据操作功能。

数据源控件封装所有获取和处理数据的功能，主要包括连接数据源，使用 Select、Update、Delete 和 Insert 等对数据进行管理。

SqlDataSource 是连接 SQL Server 数据库的数据源控件，可以将数据读取至 DataSet 或 SqlDataReader 对象中，并提供了数据排序、筛选和分页功能。

数据绑定控件可以通过自身的 DataSourceID 属性，将数据源控件设置为它的数据源。

3.3.5　使用 Eval 方法绑定数据源

使用 DataBinder.Eval 方法在运行时，使用反射来分析和计算对象的数据绑定表达式。

名称说明：

❖ Eval(Object, String)：在运行时计算数据绑定表达式。

❖ Eval(Object, String, String)：在运行时计算数据绑定表达式，并将结果的格式设置为字符串。

示例：

```
<%# DataBinder.Eval(Container.DataItem, "IntegerValue", "{0:c}") %>
```

上述代码中，格式化字符串参数是可选的。如果忽略参数，DataBinder.Eval 将返回对象类型的值。

任务实施

本任务的目标是在主页中通过相关控件和代码动态地绑定新闻信息。

步骤 1： 制作动态网页并添加 DataList 控件。

在 webCompany 目录下新建一个 Index.aspx 文件，如图 3-18

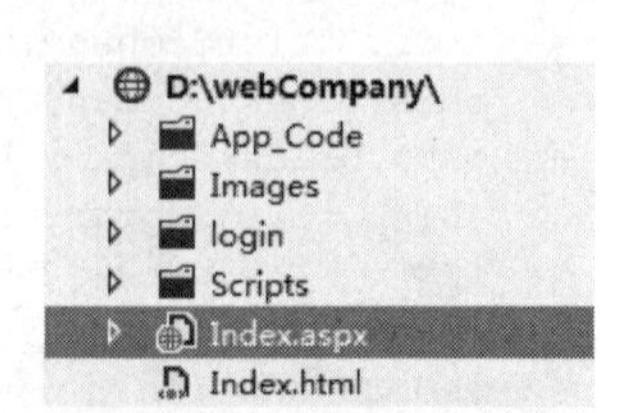

图 3-18　新建动态网页

所示，然后将 Index.html 的静态代码复制到 Index.aspx 对应位置。

找到如下静态 HTML 源代码：

```
<li><a href="#">公司成功完成预期销售目标</a><span>(2011.7.22)</span></li>
<li><a href="#">公司成功完成预期销售目标</a><span>(2011.7.22)</span></li>
<li><a href="#">公司成功完成预期销售目标</a><span>(2011.7.22)</span></li>
<li><a href="#">公司成功完成预期销售目标</a><span>(2011.7.22)</span></li>
```

替换为：

```
<asp:DataList ID="DataListNews" runat="server" Width="531px">
<ItemTemplate>
<li><a href="NewsDetail.aspx?newsid=<%#Eval("ID") %>"><%#Eval("title")%></a>
<span>(<%# Convert.ToDateTime(Eval("joindate")).ToShortDateString()%>)</span></li>
</ItemTemplate>
</asp:DataList>
```

步骤 2：编写后台代码。

为 Index.aspx 的 Page_Load 方法添加如下代码：

```
CommTool commtool = new CommTool();
protected void Page_Load(object sender, EventArgs e)
{
    if (!IsPostBack)
    {
        bindNewsList();
    }
}
protected void bindNewsList()
{
this.DataListNews.DataSource = commtool.getDataBycondition("news", "top 4 ID,title,joindate",
" order by id desc");
this.DataListNews.DataBind();
}
```

项目总结

本项目中，首先通过 SQL Server 创建数据库和数据表，并添加新闻数据，然后编写读取新闻的存储过程，最后用 C#编写数据库读操作类。完成上述步骤之后，在主页中使用 DataList 控件进行数据绑定，完成新闻信息绑定。

拓展训练

1．描述实现主页中实现动态信息绑定的主要步骤。
2．为 WebShopDB 数据库添加一个产品信息表 Product。
3．用 C#编写读取 Product 表中信息的代码。
4．在主页使用相关控件绑定产品信息。

项目4

三层架构实现登录

项目引入

为确认用户是否有权限管理网站，必须设计一个登录页面，以在用户输入正确的用户名及密码后，可以登录后台管理系统，进行网站数据的管理。如果用户输入的用户名和密码不对，系统将拒绝用户登录。

要完成该项目，需要借助三层架构来实现数据库的访问。三层应用架构体系（见图4-1）能有效降低层与层之间的依赖性，便于各层逻辑之间的复用和替换，有利于并行开发和程序标准化。

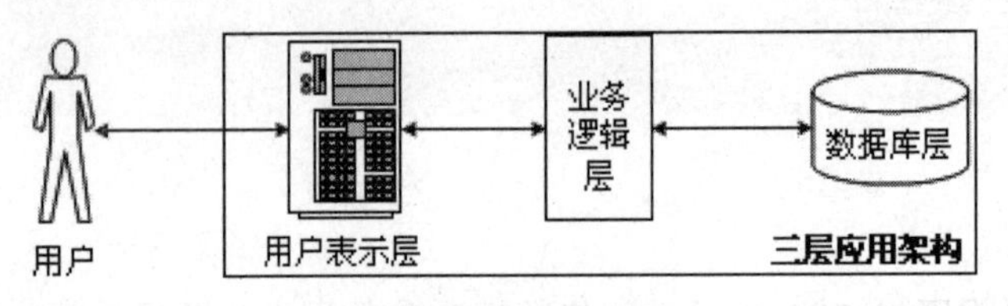

图4-1　三层应用架构

本项目中，三层架构的实现原理如下。

- ❖ 数据访问层：主要负责实际数据的存储和检索，即对数据库进行增、删、改、查等操作。
- ❖ 业务逻辑层：是数据访问层和用户表示层之间的纽带，用于建立实际的数据库连接，可根据用户的请求生成检索语句或更新数据库，并会把结果返回给前端界面显示。
- ❖ 用户表示层：负责处理用户的输入信息和向用户输出信息，但并不负责解释其含义。出于效率考虑，该层在向业务逻辑层传递输入信息之前，有时会进行合法性验证。用户表示层通常采用前端工具进行开发。

最终实现的用户登录界面如图4-2所示。

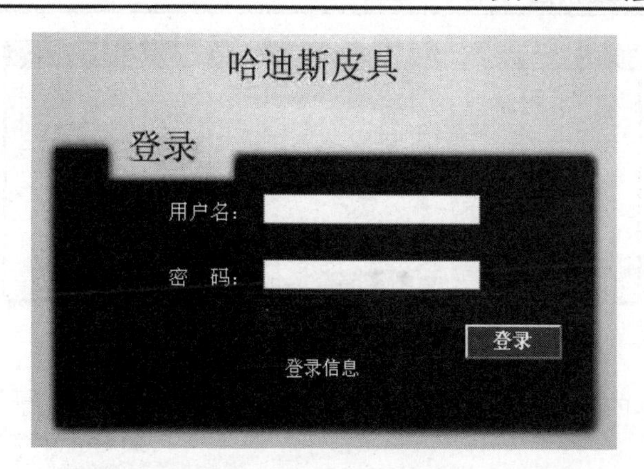

图4-2　用户登录界面

项目分解

本项目将通过5个任务来学习基于三层架构的登录页面的设计与实现方法。

任务1：设计登录界面。

任务2：编写读取数据库管理员信息的存储过程。

任务3：编写数据库连接相关类（DAL）。

任务4：业务层的实现。

任务5：对象封装。

任务1　设计登录界面

为确认用户是否有权限管理网站，必须设计一个登录页面，使得管理员能通过用户名及密码登录管理页面。而普通用户无法登录。本任务就来设计这么一个登录界面。

该管理界面要实现的主要功能为：当用户输入登录信息后，系统自动将输入的信息和相关用户数据库中的内容进行比较，如果和数据库表中的内容相符，则判断用户身份，经过身份验证后，显示登录成功；否则，将提示登录失败。

相关知识

4.1.1　制作静态、动态网页

1．制作静态网页 Login.html

下面将在 Dreamweaver 中制作静态登录页面 Login.html。

（1）在 Dreamweaver 中新建一个网页，建立 DIV，插入背景图片。

选择“插入”→“布局对象”→“Div 标签”命令，将打开“插入 Div 标签”对话框，如图 4-3 所示。在 ID 编辑框中输入 DIVBG，然后单击“新建 CSS 规则”按钮，打开“CSS 规则定义”对话框。

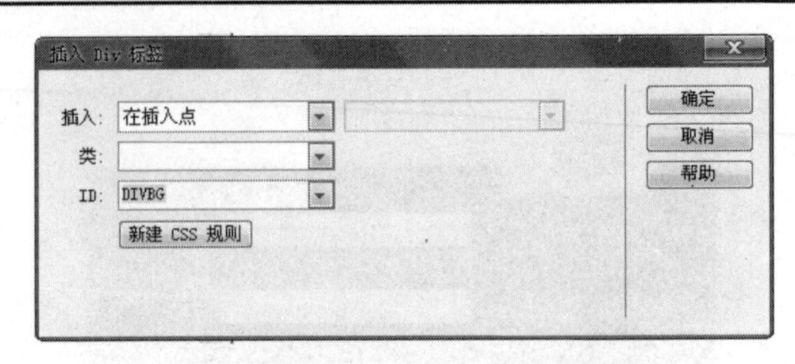

图 4-3　“插入 Div 标签”对话框

在如图 4-4 所示的“CSS 规则定义”对话框中设置好长宽、背景等参数后，单击“确定”按钮。

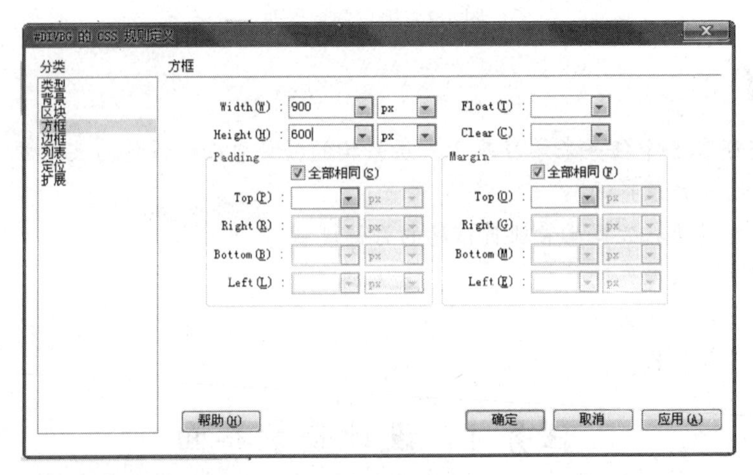

（a）设置长宽参数

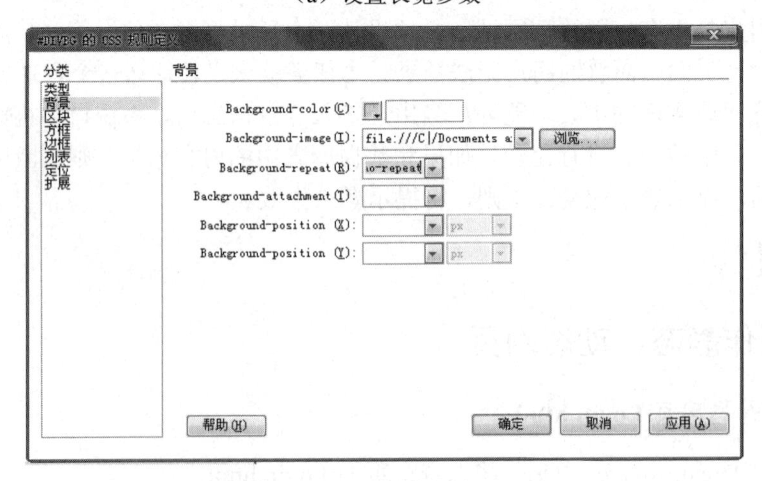

（b）设置背景参数

图 4-4　“CSS 规则定义”对话框

（2）使用同样的方法，再插入几个浮动的 Div，分别用来放置用户名、密码的 Label、TextBox 以及登录 Button 等，最终效果如图 4-5 所示。

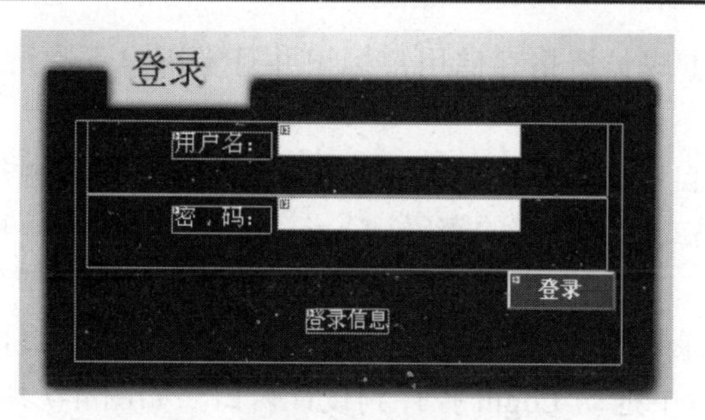

图 4-5　登录页面浮动 Div 布局图

2. 制作动态网页

下面将基于静态网页 Login.html，制作动态网页 Login.aspx。

在 Visual Studio 2012 环境下打开网站文件，在网站根目录下新建 Login 文件夹，用以存放登录页面的所有文件，然后将 Login.html 文件存放到 Login 文件夹内。

（1）右击 Login 文件夹，添加以 Login.aspx 命名的 Web 窗体，如图 4-6 所示。

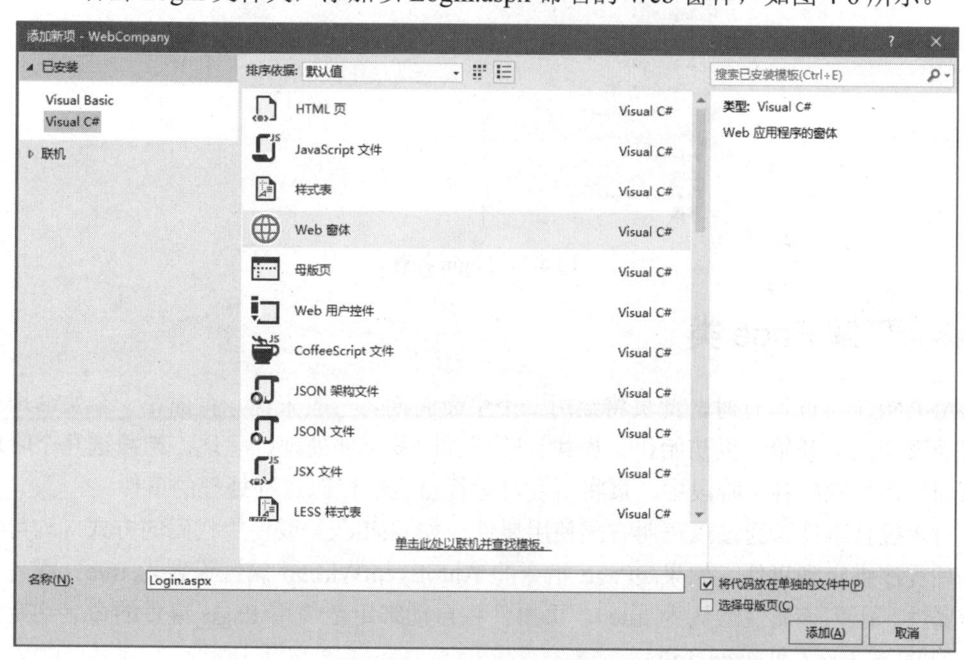

图 4-6　添加 Web 窗体

（2）打开 Login.html，复制<head>及<body>标签内的内容，覆盖 Login.aspx 文件中原有的内容，注意添加代码<form id="form1" runat="server">以及更换页面 title。

4.1.2　利用 ASP.NET 的登录控件制作登录页面

ASP.NET 类库中包含大量的控件，为 ASP.NET Web 应用程序提供可靠的无须编程的登录解决方案。其中，Login 控件一般用于验证用户身份。

Login 控件包含用于用户名和密码的文本框和一个复选框，该复选框让用户指示是否需要服务器使用ASP.NET成员资格存储用户标识并且当用户下次访问该站点时自动进行身份验证。

Login控件有用于自定义显示、自定义消息的属性和指向其他页面的超链接，在那些页面中用户可以更改密码或找回忘记的密码。Login控件可用作主页上的独立控件，或者使用在专门的登录页面上。

利用ASP.NET登录控件制作登录页面时，需要先设计好页面的背景效果，然后从ASP.NET的工具箱面板中拖动Login控件到设计窗口，如图4-7所示，再设置Login控件的各项属性。其中，Login控件的DisplayRememberMe属性用于设置是否显示“下次记住我。”复选框。

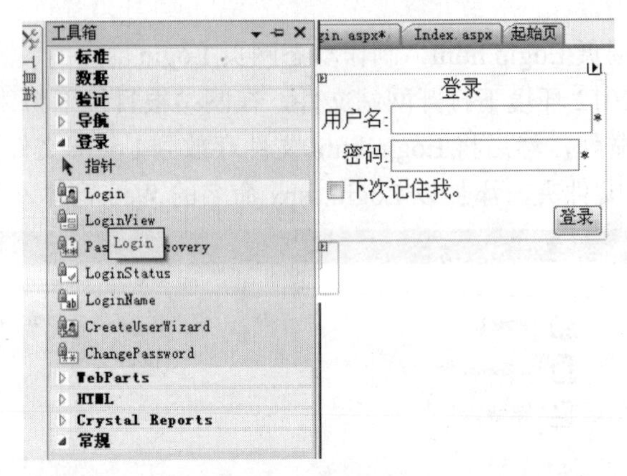

图4-7　Login控件

4.1.3　了解Page类

ASP.NET页面运行时，此页将经历一个生命周期。一般来说，页面在一个生命周期里要经历页请求、开始、页初始化、加载、验证、回发事件处理、呈现、卸载这几个阶段。在页面生命周期的各个阶段中，页将引发可运行自己的代码进行处理的事件。

对于控件事件，通过以声明方式使用属性（如onclick）或使用代码的方式，均可将事件处理程序绑定到事件。如果@Page指令的AutoEventWireup属性设置为true（或者未定义该属性，因为该属性默认为true），页事件将自动绑定至使用Page_事件的命名约定的方法（如Page_Load和Page_Init）。

下面简单介绍几个常用的Page类事件。

1. Page_Load事件

Page_Load事件在服务器控件加载Page对象时发生，即当系统加载页面时，无论用户是初次浏览该页面，还是通过单击按钮或其他事件再次调用该页面，都会触发此事件。Page_Load事件主要用来执行页面设置，在其事件处理程序中既可以访问视图状态信息，也可以利用该事件生成Post数据，还可以访问页面控件层次结构内的其他服务控件。

下面来详细讲述Page_Load事件。例如，在某ASP.NET页面程序中有如下代码段：

```
Protected void Page_Load(Object Sender, EventArgs E)
{
    message.Text="来访的时间是"+DataTime.Now.ToString();
}
```

上述代码中，通过 Page_Load 事件把“来访的时间是”字符串和当前服务器的时间进行了连接运算。页面程序被执行后，客户浏览服务器的时间将被显示在客户端的页面上。

注意：Page_Load 事件不包含对象引用或是事件参数。

2. Page_Unload 事件

Page_Unload 事件通常在服务器控件从内存中卸载时发生。也就是说，编译器编译运行完页面程序后，页面的全部内容将会被送往输出缓存，此时系统将通过 Page_Unload 事件卸载留在内存中的服务器控件或元素。

Page_Unload 事件主要执行最后的清理操作，如关闭文件、关闭数据库连接、丢弃对象等，以便断开与服务器的“紧密”联系。

如下例所示，当用户退出主页时，退出时间将被记入日志文件。

```
Protected void Page_Unload(Object Sender, EventArgs E)
{
    FileStream fs=new FileStream(Server.MapPath("./my_log.txt"),FileMode.Append,
      FileAccess.Write);
    Byte[]data=System.Text.Encoding.ASCII.GetBytes("Quit Time: "+DateTime.Now.ToString()+
      (char)13);
    fs.Write(data,0, (int)data.Length);
    fs.Flush();
    fs.Close();
}
```

3. Page_Init 事件

Page_Init 事件在页面服务器控件被初始化时发生，主要用来执行所有创建和设置实例所需的初始化步骤。该事件完成的是系统所需的一些初始化设定，开发者一般不能随意改变其内容。系统会默认调用一个名为 InitializeComponent()的过程来完成其初始化工作。

任务实施

步骤 1：使用 Dreamweaver 制作 Login.html 文件，效果参考图 4-5。

制作 Login.html 时，Login Div 的设置如下：

```
text-align:center;
vertical-align:middle;
margin-top:0px;
margin-left:0px;
position:absolute;
top:169px;
left:269px
```

“用户名”Div 和“密码”Div 的设置如下：

```
text-align:center;
height:55px;
width:400px;
```

步骤 2：打开 Login.html 文件，制作页面 Login.aspx。注意加上<form id="form1" runat="server">这行代码。

Login.aspx 的参考代码如下：

```
<%@Page Language="C#" AutoEventWireup="true" CodeFile="Login.aspx.cs" Inherits="login_Login"%>
<!DOCTYPE html>
<html xmlns="http://www.w3.org/1999/xhtml">

<head runat="server">
    <meta http-equiv="Content-Type" content="text/html; charset=utf-8"/>
    <title>登录页面</title>
    <style type="text/css">
    #BodyBg {
        height: 800px;
        width: 1024px;
        background-image: url(images/login-page-bg.jpg);
        background-repeat: no-repeat;
        margin: auto auto;
    }
    #LoginDIV {
        height: 180px;
        width: 420px;
    }
    </style>
</head>

<body>
    <form id="form1" runat="server">
        <div id="BodyBg" >
        <div id="LoginDIV" style="text-align:center; vertical-align:middle;
        margin-top:0px;
        margin-left:0px; position:absolute; top:169px; left:269px;" >
        <div style="text-align: center; height: 55px; width: 400px;" >
        <asp:Label ID="Label1" runat="server" Font-Size="Large" ForeColor="White"
        Height=
          "20px" style="text-align: center" Text="用户名：" Width="77px"></asp:Label>
        <asp:TextBox ID="TxtUsername" runat="server" Height="19px" Width="181px">
        </asp:TextBox>
        </div>
        <div style="text-align: center; height: 55px; width: 400px;" >
        <asp:Label ID="Label2" runat="server" Font-Size="Large" ForeColor="White"
         Height=
          "20px" style="text-align: center" Text="密  码：" Width="77px"></asp:Label>
        <asp:TextBox ID="TxtPassword" runat="server" Height="19px" Width="181px"
         TextMode=
          "Password"></asp:TextBox>
        </div >
        <div style="text-align: right">
        <asp:Button ID="BtnLogin" runat="server"  Text="登录" BackColor="#993300"
           Font-Bold="True" Font-Size="Medium" ForeColor="White" Height="29px"
           Width="83px" OnClick="BtnLogin_Click" /> 
        </div>
        <div>
        <asp:Label ID="Lblmessage" runat="server" Text="登录信息" ForeColor="White">
            </asp:Label>
```

```
        </div>
        </div>
        </div>
    </form>
</body>
</html>
```

步骤 3：找到 Login.aspx 文件，双击打开 Login.aspx.cs 文件，在其中编写后台代码。

这些代码主要实现两方面的功能：一是用户表示层与业务逻辑层的数据传递；二是管理员登录成功与否的信息反馈显示。

页面后台登录代码具体如下：

```
using System;
using System.Collections.Generic;
using System.Web;
using System.Web.UI;
using System.Web.UI.WebControls;
public partial class login_Login : System.Web.UI.Page
{
    protected void Page_Load(object sender, EventArgs e)
    {
    }
    protected void BtnLogin_Click(object sender, EventArgs e)
    {
        UserBLL userbll = new UserBLL();
        string username = this.TxtUsername.Text;
        string pwd = this.TxtPassword.Text;
        Users tuser = new Users();
        tuser=userbll.getuserbyname(username, pwd);
        if ( (tuser.Username == username) && (tuser.Userpassword == pwd))
        {
            this.Lblmessage.Text = "登录成功!";
            //Response.Redirect("~/Admin/AdminManager.aspx");
        }
        else
        {
            this.Lblmessage.Text = "登录不成功!";
        }
    }
}
```

登录页面的最终效果如图 4-8 所示。

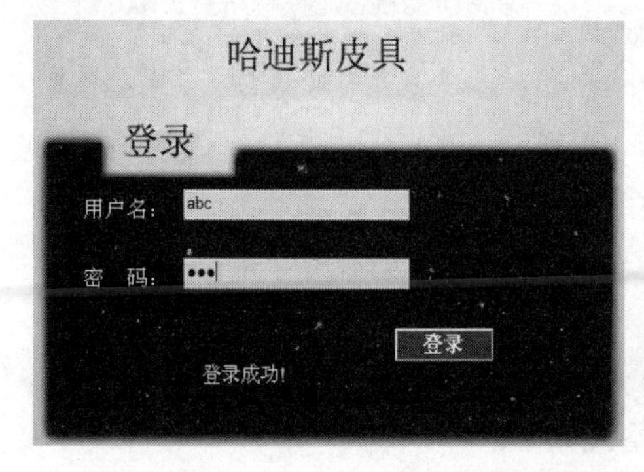

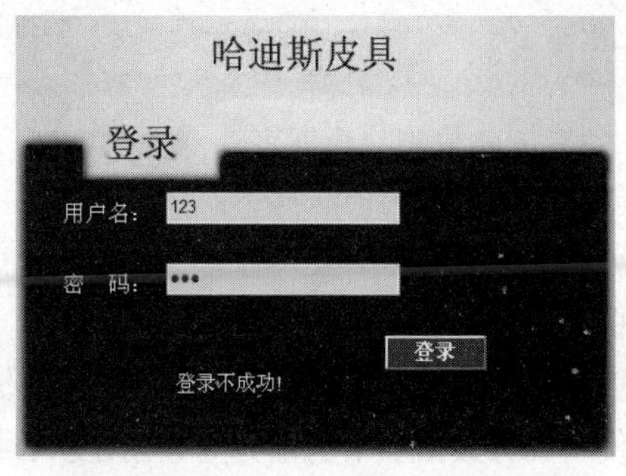

图 4-8　登录页面的最终效果

任务 2　编写读取数据库管理员信息的存储过程

登录页面主要是为了管理员登录服务，为了检验登录有效与否，需要绑定管理员信息数据表。管理员用户的基本信息是预先存储在数据库表中，其中包括了用户名、密码、加入时间等最基本的信息字段。

本任务将在数据库中创建管理员信息表，然后编写读取管理员信息的存储过程。

相关知识

4.2.1　常用 SQL 语句

SQL（structuref query language，结构化查询语言）是一种功能强大的语言，是一种与关系数据库通信的方式，用户通过它可以定义、查询、修改和控制数据。

SQL 语句分为 3 类：数据定义语言（DDL）、数据操纵语言（DML）和数据控制语言（DCL），其含义分别如下。

- 数据定义语言：包括 CREATE、ALTER、DROP、DECLARE 语句等。
- 数据操纵语言：包括 SELECT、DELETE、UPDATE、INSERT 语句等。
- 数据控制语言：包括 GRANT、REVOKE、COMMIT、ROLLBACK 语句等。

下面介绍 SQL 语句的一些常规用法。

（1）创建与删除数据库。

创建数据库的语法如下：

```
create database database-name
```

删除数据库的语法如下：

```
drop database dbname
```

（2）备份数据库。

备份数据库的语法如下：

```
--创建 备份数据的 device
USE master
EXEC sp_addumpdevice 'disk', 'testBack', 'c:\mssql7backup\MyNwind_1.dat'
--开始 备份
BACKUP DATABASE pubs TO testBack
```

（3）创建与删除数据表。

创建新数据表的语法如下：

```
create table tabname(col1 type1 [not null] [primary key],col2 type2 [not null],...)
```

根据已有的数据表创建新表格式如下：

```
create table tab_new like tab_old
```

使用已有数据表中的部分内容创建新表格式如下：

```
create table tab_new as select col1,col2... from tab_old definition only
```

删除数据表格式如下：

```
drop table tabname
```

（4）在数据表中增加一列。

在数据表中增加一列的语法如下：

```
alter table tabname add column col type
```

注意：增加列后将不能删除。DB2 中列加上后数据类型也不能改变，唯一能改变的是增加 varchar 类型的长度。

（5）在数据表中添加与删除主键。

添加主键的语法如下：

```
alter table tabname add primary key(col)
```

删除主键的语法如下：

```
alter table tabname drop primary key(col)
```

（6）在数据表中创建与删除索引。

创建索引的语法如下：

```
create [unique] index idxname on tabname(col...)
```

删除索引的语法如下：

```
drop index idxname
```

注意：索引是不可更改的。要想更改一个索引，必须删除后重新创建。

（7）在数据表中创建与删除视图。

创建视图的语法如下：

```
create view viewname as select statement
```

删除视图的语法如下：

```
drop view viewname
```

（8）几个基本的 SQL 语句。

选择数据：

```
select * from table1 where 范围
```

插入数据：

```
insert into table1(field1,field2) values(value1,value2)
```

删除数据：

```
delete from table1 where 范围
```

更新数据：

```
update table1 set field1=value1 where 范围
```

查找数据：

```
select * from table1 where field1 like '%value1%'
```

数据排序：

```
select * from table1 order by field1,field2 [desc]
```

计算总数：

```
select count as totalcount from table1
```

数据求和：

```
select sum(field1) as sumvalue from table1
```

数据求平均值：

```
select avg(field1) as avgvalue from table1
```

查找最大数据：

```
select max(field1) as maxvalue from table1
```

查找最小数据：

```
select min(field1) as minvalue from table1
```

（9）几个高级查询运算词。

- union：合并数据表 table1、table2 并删除重复行，生成一个新表。如果有 union all，则不删除重复行。
- except：根据数据表 table1、table2 生成一个新表，由在 table1 中但不在 table2 中的行组成，消除重复行。如果有 except all，则不删除重复行。
- intersect：根据数据表 table1、table2 生成一个新表，由 table1、table2 中都有的行组成，删除重复行。如果有 intersect all，则不删除重复行。

注意：使用运算词的几个查询结果行必须是一致的。

4.2.2 编写存储过程

在项目 3 中已经介绍过，存储过程（stored procedure）是一组能完成特定功能的 SQL 语句，经编译后存储在数据库中，用户通过指定存储过程的名字并给出参数来调用执行。

其程序控制语句主要包括 if...else、select...case、while。下面来看一个示例：

```
/**if ... else 语句实例：**/
DECLARE @d INT
set @d = 1
IF @d = 1 BEGIN
--打印
PRINT '正确'
END
ELSE BEGIN
PRINT '错误'
END
/**select ... case 语句实例：**/
DECLARE @iRet INT, @PKDisp VARCHAR(20)
SET @iRet = '1'
Select @iRet =
    CASE
        WHEN @PKDisp = '一' THEN 1
```

```
        WHEN @PKDisp = '二' THEN 2
        WHEN @PKDisp = '三' THEN 3
        WHEN @PKDisp = '四' THEN 4
        WHEN @PKDisp = '五' THEN 5
        ELSE 100
    END
/**while 循环语句实例: **/
WHILE 条件 BEGIN
执行语句
END
DECLARE @i INT
SET @i = 1
WHILE @i<1000000 BEGIN
set @i=@i+1
END
```

常用存储过程语句：

```
/**打开要创建存储过程的数据库**/
Use Test

/**判断要创建的存储过程名是否存在**/
if Exists(Select name From sysobjects Where name='csp_AddInfo' And type='P')

/**删除存储过程**/
Drop Procedure dbo.csp_AddInfo

/**创建存储过程**/
Create Proc dbo.csp_AddInfo

/**存储过程参数**/
@UserName varchar(16),
@Pwd varchar(50),
@Age smallint,
@Sex varchar(6)
AS

/**存储过程语句体**/
insert into Uname (UserName,Pwd,Age,Sex)
values (@UserName,@Pwd,@Age,@Sex)
RETURN

/**执行**/
GO

/**执行存储过程**/
EXEC csp_AddInfo 'Junn.A','123456',20,'男'
```

任务实施

本任务将在数据库中创建管理员信息表，并编写读取管理员信息的存储过程。

步骤 1：创建 WebShopDB 数据库。

打开 SQL Server Management Studio Express，启动 SQL Server 2012 数据库管理系统，参考图 4-8 的方法创建名为 WebShopDB 的数据库，如图 4-9 所示。

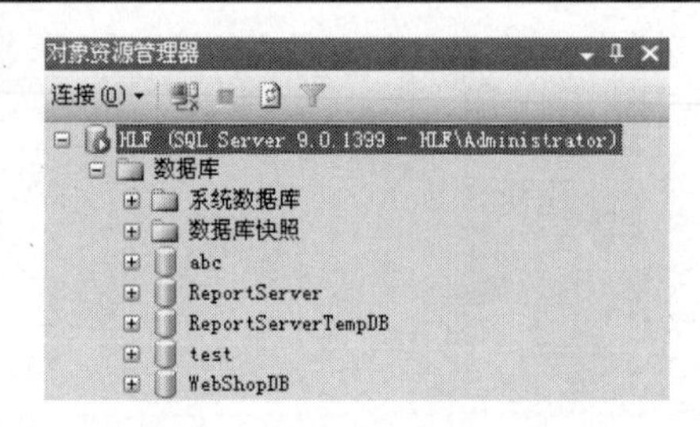

图 4-9　新建 WebShopDB 数据库

步骤 2：创建 admin 数据表。

右击 WebShopDB 数据库，新建查询，并输入如下 SQL 语句，创建 admin 数据表。

```
USE [WebShopDB]
GO
/****** Object: Table [dbo].[admin]    Script Date: 2014/5/16 10:33:48 ******/
SET ANSI_NULLS ON
GO
SET QUOTED_IDENTIFIER ON
GO
CREATE TABLE [dbo].[admin](
    [id] [int] IDENTITY(1,1) NOT NULL,
    [username] [nvarchar](50) NULL,
    [userpassword] [nvarchar](50) NULL,
    [join_time] [datetime] NULL,
    CONSTRAINT [PK_admin] PRIMARY KEY CLUSTERED
    (
     [id] ASC
    )WITH (PAD_INDEX = OFF, STATISTICS_NORECOMPUTE = OFF, IGNORE_DUP_KEY =
      OFF, ALLOW_ROW_LOCKS = ON, ALLOW_PAGE_LOCKS = ON) ON [PRIMARY]
) ON [PRIMARY]
GO
```

单击工具栏中的“执行(X)”按钮，消息框提示“命令已成功完成”，完成 admin 表的创建过程。

步骤 3：创建读取数据库管理员信息表的存储过程。

选择 WebShopDB 数据库，在“可编程性”选项下右击“存储过程”选项，在弹出的快捷菜单中选择“新建存储过程”命令，在右侧编辑区中编写读取数据库管理员信息表的存储过程。

```
USE [WebShopDB]
GO
/****** Object:StoredProcedure [dbo].[admin_getusersbynameandpwd]    Script
Date:2014/5/16 10:28:58 ******/
SET ANSI_NULLS ON
GO
SET QUOTED_IDENTIFIER ON
GO

-- =============================================
-- Author:    Zhousa
-- Create date: 2013年月日:00:19
-- Description:    用户登录验证
-- =============================================
```

```
CREATE PROCEDURE [dbo].[admin_getusersbynameandpwd]
    @username nvarchar(50),
    @pwd nvarchar(50)
    AS
BEGIN
    SELECT
     id,
     username,
     userpassword,
     join_time
    FROM
     admin
     WHERE username=@username AND userpassword=@pwd
END
```

步骤 4：为 admin 表添加初始值。

右击 admin 表，在弹出的快捷菜单中选择“打开表”命令，在右侧编辑区中添加 admin 表的初始值，如图 4-10 所示。

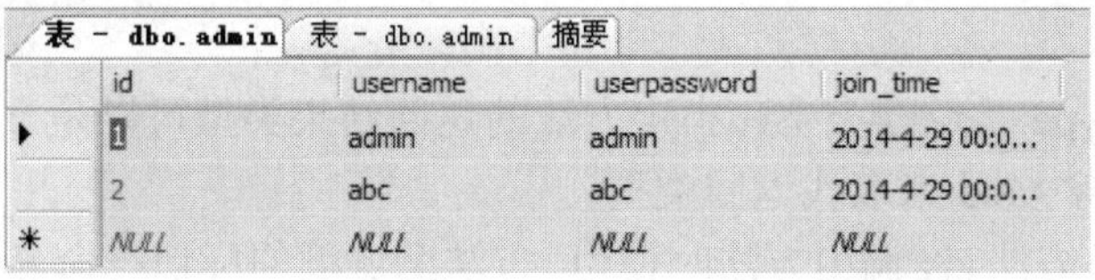

表 - dbo.admin | 表 - dbo.admin | 摘要

	id	username	userpassword	join_time
▶	1	admin	admin	2014-4-29 00:0...
	2	abc	abc	2014-4-29 00:0...
*	NULL	NULL	NULL	NULL

图 4-10　管理员表初始值

任务 3　编写数据库连接相关类（DAL）

数据访问层（DAL）的任务是接受对数据库操纵的请求，实现对数据库查询、修改、更新等功能，把运行结果提交给业务逻辑层（BLL）。

本任务中，将根据 ADO.NET 对象，用 C#编写代码读取用户信息表中信息，实现对数据库的访问。需编写 SqlDataHelper 类的 ExcuteSqlReturnReader()方法，主要功能是对给定的条件执行 SQL 语句并返回 SqlDataReader 对象，实现从数据库管理员表中读取管理员信息，并将返回的数据提交给业务逻辑层（BLL）供其使用。

下面就来介绍与数据库连接相关的类。

相关知识

4.3.1　连接数据库常用的类

在项目 3 中详细介绍过连接数据库时常用到的类，主要有以下几个。

- ❖ SqlConnection 类：表示一个到 SQL Server 数据库的打开的连接。
- ❖ SqlCommand 类：表示要对 SQL Server 数据库执行的一个 Transact-SQL 语句或存储过程。
- ❖ SqlParameter 类：这是一个用来操作 SQL 语句中的参数的类，它的作用就是将 SQL 语句中的参数和其实际值产生一个映射关系。

- ❖ SqlDataAdapter 类：这是 DataSet 和 SQL Server 之间的桥接器，用于检索和保存数据。SqlDataAdapter 通过对数据源使用适当的 Transact-SQL 语句映射 Fill（它可填充 DataSet 中的数据以匹配数据源中的数据）和 Update（它可更改数据源中的数据以匹配 DataSet 中的数据）来提供这一桥接。当 SqlDataAdapter 填充 DataSet 时，它为返回的数据创建必需的表和列（如果这些表和列尚不存在）。
- ❖ DataTable 类：表示一个内存中数据表。

4.3.2 编写数据库操作类的方法

1. 方法的声明

C#中，声明一个方法的语法格式如下：

```
Returntype methodname (parameterlist)
{
    //方法的主体语句块
}
```

其中，Returntype 是返回类型，指定方法的返回结果类型可以是 int 或 string。如果不返回值，须用关键字 void 来取代返回类型。

methodname 是方法名，调用方法时使用。方法名遵循的标识符命名规则与变量名一样，方法名应尽量显示方法的功能。如 ExcuteSqlReturnReader，功能是执行给定 SQL 语句，返回 SqlDataReader 对象。

parameterlist 是参数列表，为可选项。它描述了可以传递给方法的信息类型和名称，写参数时，应先写参数类型，再写参数名，多个参数之间用逗号分隔开。

声明方法示例：

```
Void showresult (int answer, string name)
{
   //显示答案
   ...
   Return;
}
```

2. 编写 SqlDataHelper 类的主要方法

- ❖ getdatacountbycondition()：对给定的条件执行存储过程 getdatacountbycondition，并返回数据的条数。
- ❖ getpageindex()：对给定的条件执行存储过程 sp_getdatebyPageIndex，并返回分页数据。
- ❖ getDataBycondition()：对给定的条件执行存储过程 sp_getdatabyCondition，并返回 SqlDataReader 对象。
- ❖ SelectSqlReturnDataTable()：对给定的条件执行 SQL 语句，并返回 DataTable 对象。
- ❖ ExcuteSqlReturnReader()：对给定的条件执行 SQL 语句，并返回 SqlDataReader 对象。
- ❖ ExcuteSQLReturnInt()：对给定的条件执行 SQL 语句，并返回 int 数据。

❖ SelectSqlReturnObject()：对给定的条件执行 SQL 语句，并返回 object 对象。
❖ deletetable()：对给定的条件执行存储过程 sp_deletetable，并返回 int 数据。

4.3.3 Web.config 文件的配置

Web.config 文件常用来定义一些应用系统关键的常量和用户的访问权限设置等，如关于数据库的连接的字符串等。

1. Web.config 文件的常用标记

Web.config 文件的常用标记有如下 4 个。

1）<configuration>

该标记是 Web.config 文件中的根标记。文件中的所有数据都写在<configuration>和</configuration>标记之间。

2）<configSections>

配置文件在结构上分为声明部分和设置部分，声明部分负责定义类，设置部分为声明部分定义的类赋值。所有的声明部分都写在<configSections>和</configSections>标记之间。

3）<system.web>

在<system.web>和<system.web>标记之间声明所有与 ASP.NET 相关的信息。常用的有<httpRuntime>、<pages>、<appSettings>、<customErrors>、<sessionState>和<globalization>。

4）<connectionStrings>

connectionStrings 元素为 ASP.NET 应用程序和 ASP.NET 功能指定数据库连接字符串（名称/值对的形式）的集合。

2. 子元素与父元素

1）子元素

❖ Add：向连接字符串集合添加名称/值对形式的连接字符串。
❖ Clear：移除所有对继承的连接字符串的引用，仅允许那些由当前的 Add 元素添加的连接字符串。
❖ Remove：从连接字符串集合中移除对继承的连接字符串的引用。

2）父元素

❖ Configuration：指定公共语言运行库和.NET Framework 应用程序所使用的每个配置文件中均需要的根元素。
❖ system.web：指定配置文件中 ASP.NET 配置设置的根元素，并包含用于配置 ASP.NET Web 应用程序和控制应用程序行为方式的配置元素。

3. 默认配置

默认配置代码如下：

```
<connectionStrings>
   <add
      name="LocalSqlServer"
```

```
        connectionString="data source=.\SQLEXPRESS;
        Integrated Security=SSPI;AttachDBFilename=|DataDirectory|aspnetdb.mdf;
        User Instance=true"
        providerName="System.Data.SqlClient"
    />
</connectionStrings>
```

任务实施

本任务的目标是根据 ADO.NET 对象，用 C#编写代码读取用户信息表中信息，实现对数据库的访问。

步骤 1：为网站添加数据库连接信息。

如图 4-11 所示，在网站的 webCompany 目录中添加一个名为 Web.config 的文件。

编辑加入数据库连接字符串如下：

```
<?xml version="1.0" encoding="utf-8"?>
<configuration>
    <connectionStrings>
    <add
        name="WebDBConnectionString"
        connectionString="Data Source=teach\SQLEXPRESS;
        Initial Catalog=WebShopDB;Integrated Security=True"
        providerName="System.Data.SqlClient" />
    </connectionStrings>
    <system.web>
    </system.web>
</configuration>
```

步骤 2：编写 DAL 层相关类的数据连接和读取方法。

打开 webCompany 网站根目录，如图 4-12 所示，在 App_Code 目录中新建 DAL 文件夹，然后在该文件夹下新建一个 SqlDataHelper 类。

图 4-11　添加数据库连接信息

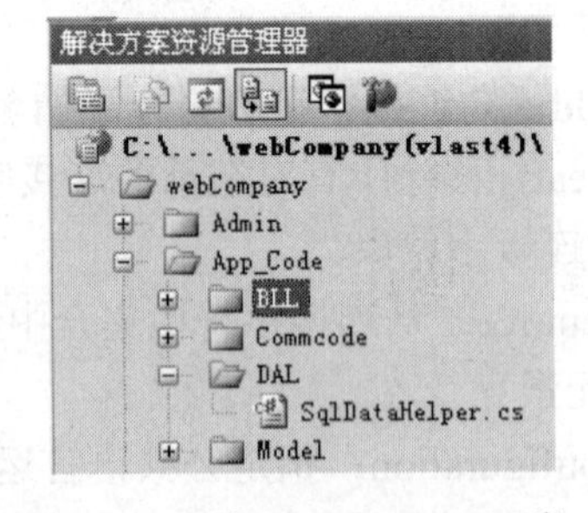

图 4-12　添加 SqlDataHelper 类

SqlDataHelper 类的代码如下：

```
using System;
using System.Collections.Generic;
using System.Web;
using System.Data;
using System.Data.SqlClient;
/// <summary>
/// SqlDataHelper 的摘要说明
/// </summary>
```

```
public class SqlDataHelper
{
    public static string ConnString
    {
        get
        {
            return System.Configuration.ConfigurationManager.ConnectionStrings
["WebDBConnectionString"].ToString();
        }
    }
    public SqlDataHelper()
    {
    //
    //TODO: 在此处添加构造函数逻辑
    //
}
    public static SqlDataReader ExcuteSqlReturnReader(string sql, CommandType type,
    SqlParameter[] pars)
    {
        try
        {
            SqlConnection conn = new SqlConnection(ConnString);
            if (conn.State == ConnectionState.Closed || conn.State ==
            ConnectionState.Broken)
            {
                conn.Open();
            }
            SqlCommand cmd = new SqlCommand(sql, conn);
            If(pars != null && pars.Length > 0)
            {
                Foreach(SqlParameter p in pars)
                {
                    cmd.Parameters.Add(p);
                }
            }
            cmd.CommandType = type;
            SqlDataReader reader = cmd.ExecuteReader(CommandBehavior.CloseConnection);
            return reader;
        }
        Catch(Exception ex)
        {
            return null;
        }
    }
}
```

任务4 业务层的实现

业务逻辑层（BLL）是用户表示层和数据访问层之间的连接桥梁，在数据交换中起着承上启下的作用，是系统架构中最能体现核心价值的部分。它的关注点主要集中在业务规则的制定、业务流程的实现等与业务需求有关的系统设计上。

一般情况下，将在业务逻辑层建立实际的数据库连接，并根据用户的请求生成检索语句或更新数据库，并把结果返回给前端界面显示。BLL 层的工作主要与业务规则相关，所以它的内容根据系统所应对的领域而各不相同。

相关知识

4.4.1 认识业务逻辑层（BLL）

业务层包括实际业务规则以及数据处理的执行部分。业务层通过将正规的过程和业务规则应用于相关数据来实现用户从表示层发出的业务请求。一般应根据具体应用，编写不同的 BLL 类以满足需求。

BLL 层的主要工作包括以下内容。

- 根据用户指令和数据的不同，将当前指令划分给不同的构造器处理。
- 抽象数据库对象。
- 调用 DAL 层操作数据库方法。

如图 4-13 所示，业务层用于分离 USL 层与 DAL 层，并可根据具体业务划分定义不同的 BLL 类。

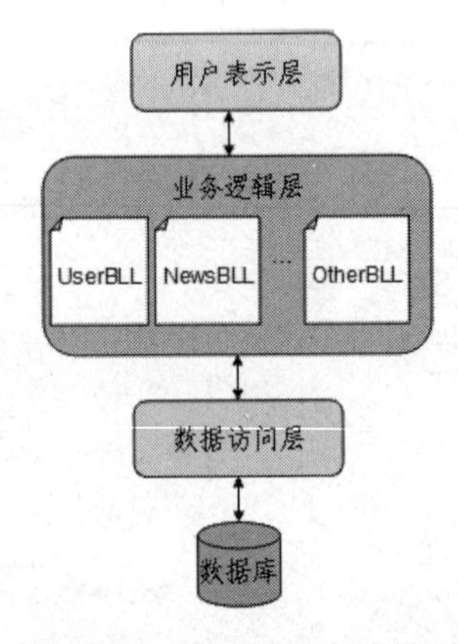

图 4-13 BLL 层的实施规则

在本任务中，业务层的主要功能是在数据访问层与登录界面（表示层）之间实现管理员数据表信息的有效封装传递。这里编写 UserBLL 类用于管理相关的业务规则，编写 getuserbyname 方法用于连接用户表示层和数据库连接层（DAL），使其一方面调用数据库连接层 SqlDataHelper 类的 ExcuteSqlReturnReader 方法，获取数据库中的管理员信息表；另一方面封装 Users 对象，并返回给登录界面（用户表示层）使用。

4.4.2 业务逻辑层的实现

业务逻辑层的结构示例如下：

```
public class NewsBLL                                        //新闻业务类型
{
    public int newsclassadd(string newsclass);              //新闻类添加方法
    public int newsclassUpdate(int id, string typename);    //新闻类更新方法
```

```
    public int newsadd(News n);                              //新闻添加方法
    public News getnewsbyid ( string id);                    //获得新闻 ID 方法
}
public class UserBLL                                         //管理员业务类型
{
    public Users getuserbyname(string username, string pwd); //获得用户姓名密码方法
}
public class OtherBLL                                        //其他业务类型
{
    public others(string para1, string para2);              //其他业务类型实现方法
}
```

任务实施

本层任务主要是编写 BLL 层的相关类，连接用户表示层和数据访问层。

打开 webCompany 网站根目录，如图 4-14 所示，在 App_Code 文件夹中新建 BLL 文件夹，然后在 BLL 文件夹中新建一个 UserBLL 类。

图 4-14　添加 UserBLL 类

实现业务层的 UserBLL 类的代码如下：

```
sing System;
using System.Collections.Generic;
using System.Web;
using System.Data.SqlClient;
using System.Data;
/// <summary>
/// UserBLL 的摘要说明
/// </summary>
public class UserBLL
{
    public Users getuserbyname(string username, string pwd)
    {
        SqlParameter[] pars = new SqlParameter[]{
            new SqlParameter("@username",username),
            new SqlParameter("@pwd",pwd)
        };
        Users u = new Users();
        SqlDataReader reader = SqlDataHelper.ExcuteSqlReturnReader("admin_
          getusersbynameandpwd", CommandType.StoredProcedure, pars);
        while(reader.Read())
        {
            u.Id = int.Parse(reader["id"].ToString());
```

```
            u.Username = reader["username"].ToString();
            u.Userpassword = reader["userpassword"].ToString();
        }
        reader.Close();
        return u;
    }
}
```

任务5 对象封装

封装（encapsulation）是一个面向对象的概念，含义是对外部世界隐藏类的内部。面向对象程序设计中，一般以类作为数据封装的基本单位。类将数据和操作数据的方法结合成一个单位。设计类时，不希望直接存取类中的数据，而是希望通过方法来存取数据。如此就可以达到封装数据的目的，以方便以后维护、升级系统，也可以在操作数据时多一层判断，以提高数据的安全性。

封装还可以解决数据存取权限问题，使用封装可以将数据隐藏起来，形成一个封闭的空间，用户可以设置哪些数据只能在这个空间中使用，哪些数据可以在空间外部使用。如果一个类中包含敏感数据，则有些用户可以访问，有些用户却不能访问。如果不对这些数据的访问加以限制，那么后果是很严重的。所以，在编写程序时，要对类的成员使用不同的访问修饰符，从而定义它们的访问级别。

封装的优点主要有以下几点。

❖ 好的封装能减少耦合。
❖ 类的内部实现可以自由改变。
❖ 一个类有更清楚的接口。

本任务中涉及的对象封装是实现基础数据对象（管理员用户）的封装，以便于用户表示层、业务逻辑层的调用。

4.5.1 对象封装（model）

对象封装并非是将整个对象完全包裹起来，而是根据具体的需要，定义一个基本单位——类，通过类中定义的方法来存取数据，通过类的修饰符来设置使用者访问的权限，从而起到保护数据的作用。

1. 类标识符的命名原则

❖ 使用有意义的名词或名词短语。
❖ 使用 Pascal 大小写风格，即类名的第一个字母和后续每个单词的首字母大写。
❖ 尽量不使用缩写。
❖ 不使用诸如 C 这样的类型前缀来指示类。
❖ 不使用下画线。
❖ 根据约定，接口名总是以字母 I 开头，因此，尽量不要用 I 作为类名的第一个字符，除非 I 确实是整个单词的第一个字母。

2. 类访问修饰符

在 C#中，可使用修饰符 public、internal、protected、private 来设定指定类型以及成员的可访问性（也称作用域或可见性）。

修饰符主要用来修饰类的字段、属性和方法，以及类对象本身。各修饰符的含义如下。

- public：所有类的对象都可以访问。
- protected internal：同一个程序集内的对象，该类对象及其子类可以访问。
- internal：只有同一个程序集内的对象可以访问。
- protected：只有该类对象及其子类对象可以访问。
- private：只有所属类的成员可以访问。

3. abstract、sealed 和 static 修饰符

- abstract：指示该类只能用来作为其他类的基类，不能直接创建该类的实例。从该类派生的任何类都必须实现它的所有抽象方法和存取方法。
- sealed：指定该类不能被继承（用作基类）。
- static：指定该类只包含量静态成员。

本任务中，将管理员用户对象封装成一个 User 类，其中包括用户 ID、用户名称、用户密码、添加时间等属性以及对这些属性的读取、设置操作方法。其中，类成员的存储类型、大小必须与连接的数据库中保持一致。

4.5.2　对象封装的实现

C#中类的关键字是 class。在一个 class 对象中，主要分为 field（字段）、property（属性）和 method（方法），前面两个对应的是对象的属性，而 method 则对应对象的行为。

1. 类的定义

定义一个类的语法格式如下：

```
[attributes] [modifiers] class identifier [:baselist]
{
   Class body
}
```

其中各选项的含义如下。

- [attributes]：可选的属性部分，包括一对中括号，其中是由一个或多个属性组成的列表，各属性之间以逗号分隔开。属性由属性名和其后的位置或命名参数列表（可选）组成。属性也可以包含一个属性目标。
- [modifiers]修饰符：主要作用是指定类型和类型成员的可访问性（作用域），指定能否从其他程序集、同一程序集、包含类或包含类的派生类中访问该类。
- identifier 类标识符：遵循变量命名规则，但尽量不要以 C、I 等字母前缀开头，不要使用下画线。

2. 方法的声明

声明一个方法的语法格式如下：

```
Returntype methodname (parameterlist)
{
    //方法主体语句块
}
```

其中各选项的含义如下。

- ❖ Returntype（返回类型）：是一个类型名，它指定了方法返回的结果类型。如果该方法没有返回值，那么用关键字 void 来取代返回类型。
- ❖ methodname（方法名）：是调用方法时使用的名称。方法名所遵循的标识符命名规则和变量名一样。
- ❖ parameterlist（参数列表）：可选项，描述了可以传递方法的信息的类型和名称。在圆括号中填写变量信息时，要像声明变量时那样，先写参数的类型名，再写参数名。如果方法有两个或者更多的参数，必须使用逗号来分隔它们。

如果希望一个方法返回结果，就必须在方法内部写一个 return 语句。首先要写下关键字 return，再写一个表达式（用于计算要返回的值）。表达式的类型必须与函数指定的返回类型相同。假如一个函数返回 int 值，那么 return 语句必须返回一个 int 值，否则程序将编译出错。

return 语句应该位于方法的尾部（因为会结束方法），之后的任何语句都不会再执行。如方法不返回结果，即返回类型为 void，可以利用 return 语句从方法中退出。在这种情况下，直接用关键字 return 即可。如果方法不返回任何信息，可省略 return 语句。

3. 对象封装示例

例如，通过下面的代码，即可成功封装一个对象。

```
public class student
{
    private string m_name;
    private string  m_sex;
    private int m_age;
    public string  theClass()
    {
        return "欢迎使用";
    }
    public string thebook()
    {
        m_book  = "姓名: "+m_name+"\r\n 性别: "+m_sex +"\r\n 年龄: "+m_age";
        return m_book;
    }
    /// 姓名
    public string name
    {
        get{return m_name; }
        set{m_name = value ; }
    }
    /// 性别
```

```
    public string  sex
    {
       get{return m_sex ; }
       set{m_sex = value; }
    }
    /// 年龄
    public int age
    {
       get{return m_age ; }
       set{m_age = value; }
    }
}
```

任务实施

打开网站根目录 webCompany，在 App_Code 文件夹下新建 Model 文件夹，然后在该文件夹中新建一个 Users 类，如图 4-15 所示。

图 4-15　添加 Users 类

封装该 Users 类对象的代码如下：

```
using System;
using System.Collections.Generic;
using System.Web;
/// <summary>
/// Users 的摘要说明
/// </summary>
public class Users
{
    int id;
    public int Id
    {
       get { return id; }
       set { id = value; }
    }
    string username;
    public string Username
    {
       get { return username; }
       set { username = value; }
    }
    string userpassword;
```

```
    public string Userpassword
    {
        get { return userpassword; }
        set { userpassword = value; }
        }
        DateTime join_time;
        public DateTime Join_time
    {
        get { return join_time; }
        set { join_time = value; }
    }
}
```

项目总结

本项目通过三层架构来实现后台管理系统的登录功能。首先完成登录页面制作，通过 SQL Server 创建数据库和数据表，并添加管理员数据，再编写读取管理员信息的存储过程，然后用 C#编写数据库读操作类，完成数据表示层以及业务逻辑层，并将管理员信息封装成类，以便于后期调用和管理。最后，基于三层架构逻辑完成管理员登录页面的设计与制作。

拓展训练

1．描述完成登录页面制作的主要步骤。
2．为 WebShopDB 数据库新建一个皮具商品信息表 Products。
3．用 C#编写读取 Products 表的信息代码。
4．基于三层架构，设计读取皮具商品信息表的程序框架。
5．参考管理员类的封装过程，实现皮具商品类的封装。

项目 5

后台管理页面设计

项目引入

网站的前台是面向浏览者的，需要美观、大方，符合网站主题。网站的后台主要是为了方便管理员管理后台数据使用的，因此并不需要太多的美工设计，只要功能齐全、方便操作即可。

对于需要经常更新的网站来说，为其开发一个后台管理系统，可以极大地方便管理员添加、管理和删除网站中的内容，如文章、图片、新闻和评论等。

一般来说，后台管理页面的设计应考虑以下几点。

❖ 后台管理页面是提供给管理者使用的，在没有得到授权的情况下，普通访问者无法浏览到。

❖ 后台管理页面相对独立，其页面风格可以与前台页面相搭配，也可以具有自己独特的风格。

❖ 后台管理页面通常是由框架结构组成的，管理者单击左侧的导航菜单，可以在右侧显示出对应的管理页面。

❖ 后台管理页面通常有相关的头部选项按钮，以实现前进、后退、注销、退出等功能，且一般要有网站的标题以及 Logo。

在设计后台管理页面左侧的导航菜单时，要综合考虑网站的功能。本项目中的导航菜单组织结构如图 5-1 所示。

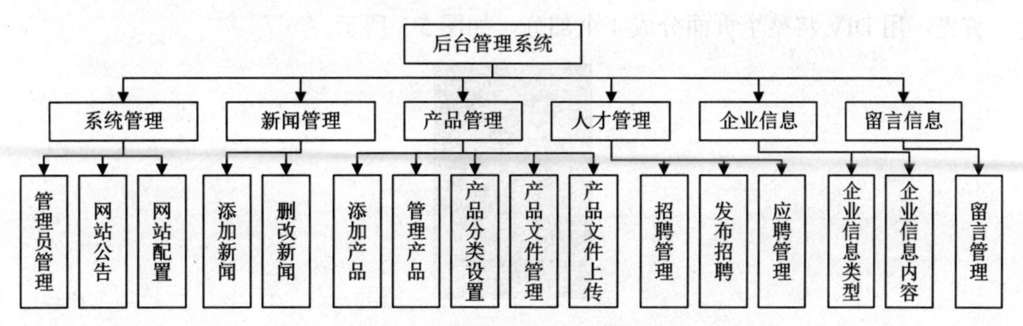

图 5-1 导航菜单组织结构框图

最终实现的页面效果如图 5-2 所示。

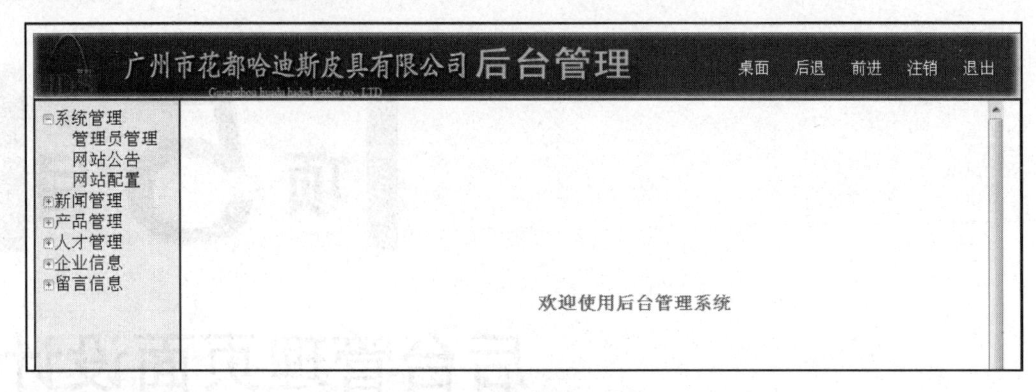

图 5-2 后台管理主页面

项目分解

本项目中，将通过完成以下 3 个任务，来学习网站中后台管理页面的设计方法和技巧。

任务 1：后台管理页面框架的实现。

任务 2：左侧导航菜单的加载。

任务 3：使用 XML 文件实现节点导航。

任务 1 后台管理页面框架的实现

本任务主要用来实现后台管理页面的布局，并在后台主页中实现其他页面的嵌入。

页面的整体布局仍然使用 DIV+CSS 技术；页面头部使用了超链接和 JavaScript 技术，当鼠标单击时，能够实现页面的前进与后退；另外，使用<iframe>技术实现了中间部分页面的嵌入。

相关知识

5.1.1 后台管理页面的布局

本例中的后台管理页面仍然使用 DIV+CSS 技术进行布局。

首先，用 DIV 将整个页面分成 4 个部分，如图 5-3 所示。

图 5-3 DIV 网页布局

然后编写 CSS 代码，以定义网页中各部分的颜色、高宽等。代码如下：

```
#top {
      height:65px;
      width:1024px;
      border:1px solid #096;
      background-image:url(Images/AdminBg.gif);
      background-repeat:no-repeat;
}
```

5.1.2　后台管理页面文档的内联

后台管理页面的中部采用了框架结构，将 ASP.NET 的代码文档内联到后台管理页面中，HTML 中使用<iframe></iframe>进行文档的内联。

iframe 元素会创建包含另外一个文档的内联框架（即行内框架）。iframe 标签是成对出现的，以<iframe>开始，以</iframe>结束。iframe 标签内的内容，可以在浏览器不支持 iframe 标签时显示。

iframe 的常用属性如表 5-1 所示。

表 5-1　iframe 的常用属性

属性名称	属性值	描述
align	left、right、top、middle、bottom	规定如何根据周围的元素来对齐此框架
frameborder	1、0	规定是否显示框架周围的边框
height	pixels，%	规定 iframe 的高度
width	pixels，%	定义 iframe 的宽度
marginheight	pixels	定义 iframe 的顶部和底部的边距
marginwidth	pixels	定义 iframe 的左侧和右侧的边距
name	frame_name	规定 iframe 的名称
scrolling	yes，no，auto	规定是否在 iframe 中显示滚动条
longdesc	url	规定一个页面，该页面包含了有关 iframe 的较长描述
style	css style	规定元素的行内 CSS 样式
src	URL	规定在 iframe 中显示的文档的 URL

利用<iframe>标记可以在网页中嵌入其他的网页或者图片。例如，在下面的代码中嵌入了百度的首页地址。

```
<html>
<title> iframe 切换加载网址</title>
<body>
<iframe src="http://www.baidu.com" style="width: 50%; height: 50%" frameborder="0">
</iframe>
</body>
</html>
```

显示的页面效果如图 5-4 所示。

图 5-4　iframe 运行效果图

任务实施

本次任务的目标是在后台管理页面中加入超链接按钮，并在后台页面中嵌入 ASP.NET 页面。

步骤 1： 在后台管理页面头部放置了几个链接按钮，通过超链接的方式，链接到桌面和注销登录页面。并通过 JavaScript 语言实现后退到上一个页面、前进到下一个页面以及退出当前页面等功能。在后台主页页面中添加如下代码：

```
<div id="top_right">
<a href="Dsgmain.aspx" target="MainFrame">桌面</a>
<a href="javascript:history.go(-1);">后退</a>
<a href="javascript:history.go(1);">前进</a>
<a href="../login/Login.aspx" target="MainFrame">注销</a>
<a href="javascript:if(confirm('你确定要退出本系统吗?'))window.close();">退出</a>
</div>
```

实现以后的效果如图 5-5 所示。

广州市花都哈迪斯皮具有限公司 后台管理　桌面　后退　前进　注销　退出

图 5-5　后台管理页面头部实现效果

步骤 2： 本文的后台管理页面在页面的中部采用<iframe>框架的方式将 ASP.NET 页面嵌入，当选择左侧导航中相应的内容时，在页面的中部将显示相应的操作设置页面。

嵌入的 ASP.NET 页面的主要作用就是，将文本中定义好的导航内容通过函数调用的方式加载到管理页面的左侧。在后台主页页面中添加如下代码：

```
<div id="Middle">
     <div id="leftTreeview">
          <iframe src="MenuTree.aspx" style="width: 100%; height: 100%" frameborder="0">
          </iframe>
     </div>
     <div id="Main">
         <iframe name="MainFrame" id="mainfrm" src="Dsgmain.aspx" style="width: 98%;
           height:882px; " frameborder="0" language="javascript" >
         </iframe>
     </div>
</div>
```

例如，图 5-6 就是当用户单击左侧导航栏中“新闻管理”→“添加新闻”命令时的效果图，图 5-7 为用户单击“产品管理”→“添加产品”命令时的页面效果。

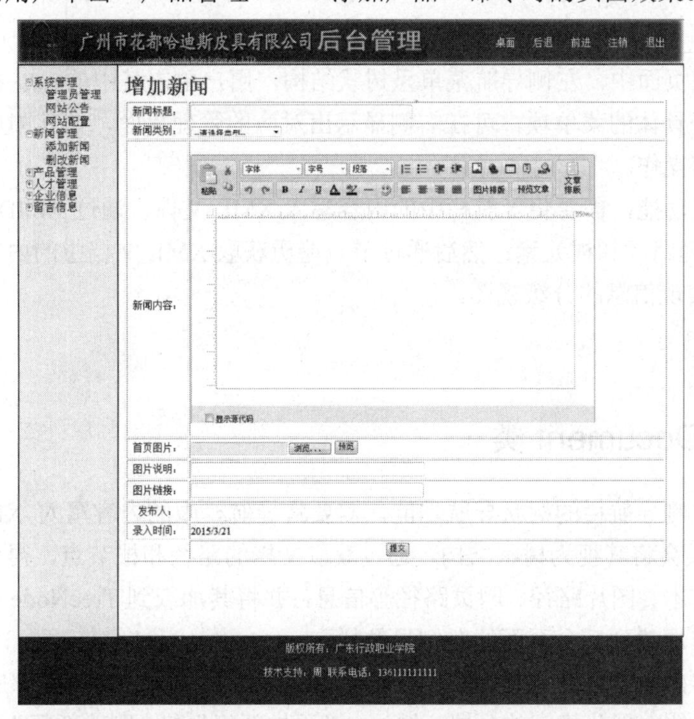

图 5-6　“增加新闻”界面

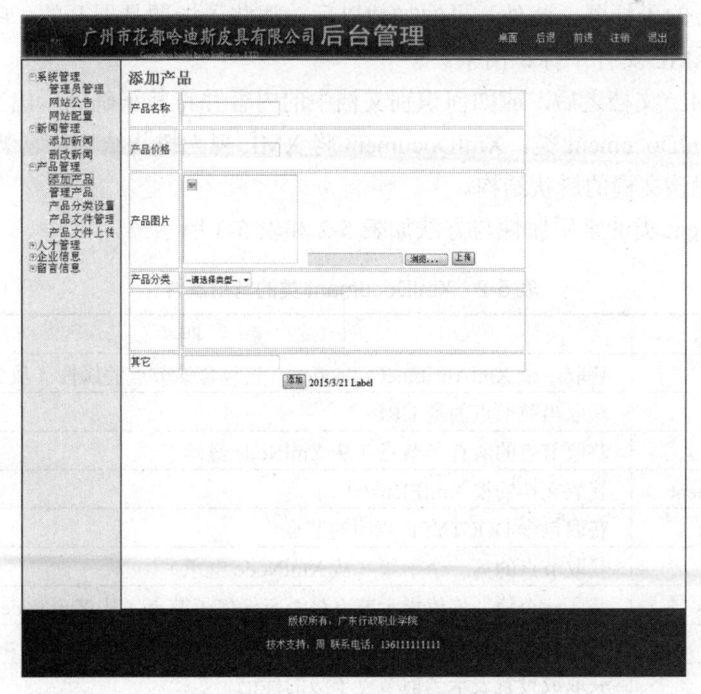

图 5-7　“添加产品”界面

任务 2　左侧导航菜单的加载

在后台管理页面中，左侧导航菜单呈树状结构，用户单击其中的+或-按钮，可将其展开或折叠；单击具体的菜单项，可在右侧显示出对应的管理界面，在其中用户即可进行后台数据的管理和操作。

要实现上述功能，需要将导航栏中的内容写入 XML 文件，通过 XmlDocument 类获取 XML 文档的物理路径和根元素；然后通过节点遍历获取 XML 文档中的内容；最后，通过 TreeView 控件实现信息的分级视图。

相关知识

5.2.1　XmlDocument 类

要想实现左侧导航栏的树状导航功能，需要将导航栏中的内容写入 XML 文件，然后 XmlDocument 类会将其视为树状结构，通过获取文档的路径和根节点，得到文档中的父节点和子节点的文本、图片路径、网页路径等信息，并将其加载到 TreeNode 类中，从而实现将文档中的内容加载到后台页面的左侧导航栏。

导航页面中的内容，包括文本标题、图片路径、链接网页地址等，都应写入 XML 文件中，并且在文件中划分相应的分层。例如，“添加新闻”和“删改新闻”就应该属于“新闻管理”级别下的子标题。此外，页面加载以后，哪些子标题是展开的，哪些是没有展开的，都可以在 XML 文件中标识出来。

编写完 XML 文档之后，应如何识别文档中的内容并将其正确显示出来呢？这里将用到.NET 中的 XmlDocument 类。XmlDocument 将 XML 视为树状结构，它装载 XML 文档，并在内存中构建该文档的树状结构。

XmlDocument 类的常用属性与方法如表 5-2 和表 5-3 所示。

表 5-2　XmlDocument 类的常用属性

属 性 名 称	说　明
Attributes	获取一个 XmlAttributeCollection，它包含该节点的属性（从 XmlNode 继承）
BaseURI	获取当前节点的基 URI
ChildNodes	获取节点的所有子节点（从 XmlNode 继承）
DocumentElement	获取文档的根 XmlElement
DocumentType	获取包含 DOCTYPE 声明的节点
FirstChild	获取节点的第一个子级（从 XmlNode 继承）
HasChildNodes	获取一个值，该值指示节点是否有任何子节点（从 XmlNode 继承）
InnerText	获取或设置节点及其所有子节点的串联值（从 XmlNode 继承）
InnerXml	获取或设置表示当前节点子级的标记
IsReadOnly	获取一个值，该值指示当前节点是否是只读的

续表

属性名称	说明
Item	获取指定的子元素（从 XmlNode 继承）
LastChild	获取节点的最后一个子级（从 XmlNode 继承）
LocalName	获取节点的本地名称
OwnerDocument	获取当前节点所属的 XmlDocument
ParentNode	已重写，获取该节点（对于可以具有父级的节点）的父级
Value	获取或设置节点的值（从 XmlNode 继承）

表 5-3 XmlDocument 类的常用方法

方法名称	说明
AppendChild()	将指定节点添加到该节点子节点列表的末尾（从 XmlNode 继承）
Clone()	创建此节点的一个副本（从 XmlNode 继承）
CloneNode()	创建此节点的一个副本
CreateAttribute()	创建具有指定名称的 XmlAttribute
CreateElement()	创建 XmlElement
CreateNode()	创建 XmlNode
CreateTextNode()	创建具有指定文本的 XmlText
Equals()	确定两个 Object 实例是否相等（从 Object 继承）
GetElementById()	获取具有指定 ID 的 XmlElement
GetEnumerator()	提供对 XmlNode 节点上 for each 样式迭代的支持（从 XmlNode 继承）
GetType()	获取当前实例的 Type（从 Object 继承）
ImportNode()	将节点从另一个文档导入当前文档
Load()	加载指定的 XML 数据
LoadXml()	从指定的字符串加载 XML 文档
PrependChild()	将指定的节点添加到该节点子节点列表的开头（从 XmlNode 继承）
ReadNode()	根据 XmlReader 中的信息创建一个 XmlNode 对象。读取器必须定位在节点或属性上
RemoveAll()	移除当前节点的所有子节点或属性（从 XmlNode 继承）
RemoveChild()	移除指定的子节点（从 XmlNode 继承）

例如，下面的代码通过 XmlDocument 类加载了一个 XML 文件。

```
static void Main(string[] args)
{
    XmlDocument doc = new XmlDocument();
    doc.Load("Test.xml");                    //加载 XML 数据
    XmlElement xe = doc.DocumentElement;     //获取根节点
    Console.WriteLine(xe.Name);              //输出 XML 文件根节点下的元素属性
}
```

5.2.2 TreeView 控件

TreeView 控件用来显示信息的分级视图，其效果类似于 Windows 系统中的资源管理器目录。TreeView 控件中的各项信息都有一个与之相关的 Node 对象。TreeView 显示 Node 对象的分层目录结构，每个 Node 对象均由一个标签对象和其相关的位图组成。

建立 TreeView 控件后，可以展开或折叠、显示或隐藏其中的节点。TreeView 控件一般用来显示文件和目录结构、文档中的类层次、索引中的层次和其他具有分层目录结构的信息。

TreeNode 表示 TreeView 控件中的节点。其中，包含其他节点的节点称为“父节点”，包含在其他节点中的节点称为“子节点”，没有任何子节点的节点称为“叶节点”，不被任何其他节点包含且是所有其他节点的上级节点的节点称为“根节点”。通过对父节点到叶子节点的递归遍历，可读取出各个节点的信息。

TreeNode 类包含了一些用于存储节点状态的属性。例如，可使用 Selected 属性来确定节点是否被选定；使用 Expanded 属性来确定节点是否已展开；使用 DataBound 属性来确定节点是否已被绑定到数据；当节点已被绑定到数据上时，使用 DataItem 属性可访问其基础数据项。

TreeNode 类还提供了一些属性，通过它们可以确定一个节点相对于树中其他节点的位置。例如，使用 Depth 属性可以确定节点的深度；使用 ValuePath 属性可以获得从当前节点到其根节点的分隔节点列表；使用 Parent 属性可以确定节点的父节点；访问子节点，应使用 ChildNodes 集合。

TreeNode 的常用属性和方法如表 5-4 和表 5-5 所示。

表 5-4 TreeNode 的常用属性

属 性 名 称	说 明
Depth	获取节点的深度
Expanded	获取或设置一个值，该值指示是否展开节点
ImageUrl	获取或设置节点旁显示的图像的 URL
NavigateUrl	获取或设置单击节点时导航到的 URL
SelectAction	获取或设置选择节点时引发的事件
Parent	获取当前节点的父节点
Text	获取或设置为 TreeView 控件中的节点显示的文本
Value	获取或设置用于存储有关节点的任何其他数据（如用于处理回发事件的数据）的非显示值

表 5-5 TreeNode 的常用方法

方 法 名 称	说 明
Collapse()	折叠当前树节点
Equals()	确定两个 Object 实例是否相等（从 Object 继承）
Expand()	展开当前树节点
GetType()	获取当前实例的 Type（从 Object 继承）
Select()	选择 TreeView 控件中的当前节点

任务实施

本任务的目标是首先获取 XML 文档的物理路径和根元素，然后通过节点遍历获取 XML 文档中的内容。

步骤 1：首先获取 XML 文档的物理路径，并且加载指定的 XML 数据，然后创建一个 XmlDocument 类型的对象，通过其获得 XML 文档的根元素。

通过在文档中添加如下代码，来获取 XML 文档的物理路径和文档根元素。

```
private void TreeInit()
{
    this.TreeView2.Nodes.Clear();                       /*清除所有节点*/
    string TreeUrl = Server.MapPath("Menu.xml");  /*获取 Menu.xml 的物理路径*/
    XmlDocument xmlDoc = new XmlDocument();
    xmlDoc.Load(TreeUrl);
    LoadRootNode(xmlDoc.DocumentElement);            /*DocumentElement 获取文档的根节点*/
}
```

步骤 2：通过遍历根节点以下的父节点，获取节点的文本、图片路径、网页路径以及是否展开等信息。如果父节点还有子节点，则通过 LoadFunNode()函数递归遍历子节点的信息，并将其加载到后台页面中。

```
private void LoadRootNode(XmlNode xmlNode)
{
    TreeNode node;
    foreach (XmlElement xe in xmlNode.ChildNodes)
    {
        node = new TreeNode();
        node.Text = xe.GetAttribute("Text");
        node.ImageUrl = xe.GetAttribute("ImageUrl");
        string url = xe.GetAttribute("NavigateUrl");
        string Expand = xe.GetAttribute("Expand");
        if (string.IsNullOrEmpty(url))
        {
            node.SelectAction = TreeNodeSelectAction.Expand;
            if (Expand == "true")
            {
                node.ExpandAll();
            }
        }
        else
        {
            node.NavigateUrl = url;
            node.SelectAction = TreeNodeSelectAction.SelectExpand;
        }
        this.TreeView2.Nodes.Add(node);
        if (xe.ChildNodes.Count > 0) //递归加载
        {
            LoadFunNode(node, xe);
        }
    }
}
```

TreeView 控件加载节点以后的示例如图 5-8 所示。

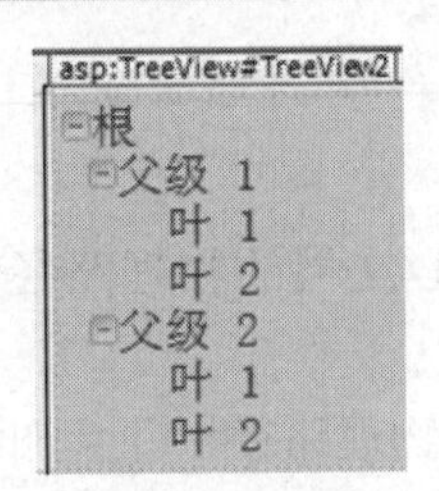

图 5-8　TreeView 控件加载节点效果

任务 3　使用 XML 文件实现节点导航

任务 2 中，通过 XmlDocument 类将 XML 文档视为树状结构，从中读取出文档中的内容，并通过 TreeView 控件加载到页面中。本任务将主要介绍 XML 文档的结构和语法，以及后台管理页面是如何创建 XML 文档，并将后台页面中导航栏中的信息添加到文档中。

相关知识

5.3.1　XML 文件结构

XML 文件称为可扩展标记语言，是一种用于标记电子文件使其具有结构性的标记语言。它可以用来标记数据，定义数据类型，是一种允许用户对自己的标记语言进行定义的源语言，能够方便描述一些事物。它非常适合网络传输以及软件传输数据，提供统一的方法来传输和交换独立于应用程序或供应商的结构化数据。XML 文件的书写具有规范的文件格式和基本语法。

一个 XML 文件通常包含文件头和文件体两大部分。

1. 文件头

XML 文件头由 XML 声明与 DTD 文件类型声明组成。其中，DTD 文件类型声明是可以省略的，而 XML 声明是必须要有的，以使文件符合 XML 的标准格式。

例如，下面是一个 XML 文件的第一行代码。

```
<?xml version="1.0" encoding="gb2312"?>
```

这行代码为 XML 文件声明。其中，“<?”表示一条指令的开始，“?>”表示一条指令的结束；xml 代表此文件是 XML 文件；version="1.0"表示此文件用的是 XML 1.0 标准；encoding="gb2312"表示此文件所用的字符集是中文，默认值为 Unicode。

注意：XML 声明必须出现在文档的第一行。

2. 文件体

文件体中包含的是 XML 文件的内容，XML 元素是 XML 文件内容的基本单元。从语法上讲，一个元素包含一个起始标记、一个结束标记以及标记之间的数据内容。XML 元素与 HTML 元素的格式基本相同，其格式如下：

```
<标记名称 属性名 1="属性值 1" 属性名 1="属性值 1"…>内容</标记名称>
```

所有的数据内容都必须在某个标记的开始和结束标记内，而每个标记又必须包含在另一个标记的开始与结束标记内，形成嵌套式的分布，只有最外层的标记不必被其他标记所包含。最外层的是根元素（root），又称为文件（document）元素，所有的元素都包含在根元素内。

例如，下面给出的XML文件中，根元素就是<Flowers>。根元素必须且只能有一个，在该文件中有3个<Flower>子元素，这样的元素在根元素内部可以有多个。

```
<Flowers>
<Flower>
   <Name>iris</Name>
</Flower>
<Flower>
   <Name>iris</Name>
</Flower>
<Flower>
   <Name>iris</Name>
</Flower>
</Flowers>
```

5.3.2 XML基本语法

1. 注释

XML的注释与HTML的注释相同，以“<!--”开始，以“-->”结束。例如：

```
<!--这是一个XML文件-->
```

2. 区分大小写

在HTML中是不区分大小写的，而在XML中需要区分大小写，包括标记、属性、指令等。

3. 标记

XML标记与HTML标记相同，“<”表示一个标记的开始，“>”表示一个标记的结束。XML中只要有起始标记，就必须有结束标记，而且在使用嵌套结构时，标记之间不能交叉。

在XML中不含任何内容的标记叫作空标记，格式如下：

```
<标记名称/>
```

4. 属性

XML属性的使用与HTML属性基本相同，但需要注意的是，属性值要加双引号。例如：

```
<tr align="center">
```

5. 实体引用

实体引用是指分析文档时会被字符数据取代的元素，实体引用用于XML文档中的特殊字符，否则这些字符会被解释为元素的组成部分。例如，如果要显示“<”，需要使用实体引用“<”，否则会被解释为一个标记的起始。XML中有5个预定义的实体引用，

如表 5-6 所示。

表 5-6　XML 中的实体引用

实 体 引 用	显　示	实 体 引 用	显　示
<	<	'	'
>	>	&	&
"	"		

例如：

```
<?xml version="1.0">                          <!--文件头-->
<program>
<script>if(a &gt; b) then max=a</script>    <!--"&gt;"表示实体引用-->
</program>
```

上面的代码表示：if(a>b) then max=a。

6. CDATA

在 XML 中有一个特殊的标记 CDATA，在 CDATA 中所有文本都不会被 XML 处理器解释，直接显示在浏览器中，使用方法如下：

```
<![CDATA[这里的内容可以直接显示。]]>
```

7. 处理指令

处理指令是用来给处理 XML 文件的应用程序提供信息的，处理指令的格式如下：

```
<?处理指令名称 处理指令信息?>
```

例如，XML 声明就是一条处理指令：

```
<?xml version="1.0" encoding="gb2312"?>
```

其中，xml 是处理指令名称，version="1.0" encoding="gb2312"是处理指令信息。

5.3.3　XML 与 CSS

利用 CSS 可以设定 XML 文件的显示方式，即在 XML 文件的头部，XML 声明的下面，加入如下一条语句：

```
<?xml:stylesheet type="text/css" href="css 文件的 URL"?>
```

下面通过一个例子来介绍如何利用 CSS 显示 XML 文件。

首先建立一个显示 XML 文件的 CSS 样式 flowers.css，代码如下：

```
flower{font-size:24px; display:block}
vendor{font-size:36px;color:red}
price{display:block}
```

然后，在 flowers.xml 文件中使用该 flowers.css 样式，即在 flowers.xml 文件中的 XML 声明下面加入以下语句：

```
<?xml:stylesheet type="text/css" href="flowers.css"?>
```

完整的程序代码如下：

```
<?xml version="1.0" encoding="gb2312"?>
<?xml:stylesheet type="text/css" href="Flowers.css"?>
<Flowers>
<Flower>
   <Vendor>shop1</Vendor>
   <Name>iris</Name>
   <Price>$4.00</Price>
</Flower>
<Flower>
   <Vendor>shop2</Vendor>
   <Name>iris</Name>
   <Price>$4.30</Price>
</Flower>
<Flower>
   <Vendor>shop3</Vendor>
   <Name>iris</Name>
   <Price>$3.50</Price>
</Flower>
</Flowers>
```

此例在浏览器中的显示效果如图 5-9 所示。

shop1 iris
$4.00
shop2 iris
$4.30
shop3 iris
$3.50

图 5-9　利用 CSS 显示 XML 文件

用 CSS 来显示 XML 文件时，不具备任何选择性。也就是说，根元素之下的所有数据都会被全部显示，不能改变原文件的结构和内容的顺序。另外，CSS 并不支持中文标记，因为 CSS 不是专门为 XML 开发的样式语言。

任务实施

本任务的目的是创建 XML 文档，并将后台页面导航栏中的信息添加到文档中。

步骤：在 XML 文档中加入左侧导航栏中的导航信息，包括文本、超链接地址等，代码如下：

```
<?xml version="1.0" encoding="utf-8" ?>
<Root>
<Node Text="系统管理" ImageUrl="" NavigateUrl="" Expand="true">
<Node Text="管理员管理"  NavigateUrl="~/ Admin/User/UserManager.aspx"/>
<Node Text="网站公告"  NavigateUrl="~/ Admin/Web/Webshow.aspx"/>
<Node Text="网站配置"  NavigateUrl="~/ Admin/Web/WebSet.aspx"/>
</Node>
<Node Text="新闻管理" ImageUrl="" NavigateUrl="" Expand="false">
<Node Text="添加新闻"  NavigateUrl="~/Admin/News/NewsAdd.aspx " />
<Node Text="删改新闻"  NavigateUrl="~/Admin/News/EditAndDelNews.aspx"/>
</Node>
...
</Root>
```

代码的第一行为 XML 文档的声明，<Root>为文件的根，<Node>为文档的父节点和子节点，父节点和子节点里面的内容是标记的属性和属性值，用于信息的传输。通过 asp.net 页面中的 XmlDocument 类和 TreeView 控件获得 XML 文件的根，从而逐层遍历 XML 文档中的节点信息，并在后台管理页面中显示出来。

最终的后台管理页面导航栏效果如图 5-10 所示。

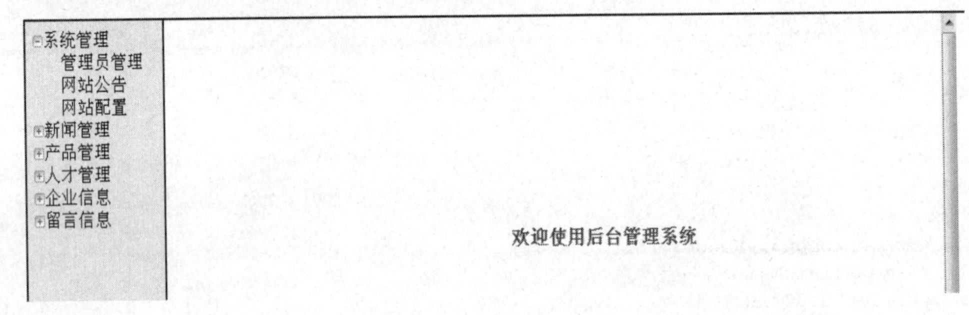

图 5-10　后台管理页面导航栏

项目总结

网站的前台设计要能吸引访问者的注意力，将网站的整体内容呈现给访问者。一个完善的网站除了要有优化的前台设计，还要有方便管理员对网站进行管理的后台界面。后台管理界面主要是为了方便管理员对网站的事务进行管理，如对网站发布的信息、用户信息、网站公告和留言信息等进行管理。

本项目中，后台管理页面采用 DIV+CSS 布局结构，页面中间的导航部分使用<iframe>将 ASP.NET 文件内联到网页中。导航栏里面的内容写在 XML 文件中，当页面加载 ASP.NET 文件时用 XmlDocument 类和 TreeView 控件遍历 XML 文档中的内容，进而在页面中将导航信息显示出来。

拓展训练

1．描述实现后台管理页面的主要步骤。
2．在原有 XML 文件中加入产品管理的导航信息。
3．用.NET 代码读取新写的 XML 文档中的信息。

项目6 新闻管理模块设计

项目引入

新闻管理模块是网站后台管理的一部分。本项目主要通过添加新闻和删除新闻两个功能的实现，来学习和掌握网站中页面设计的方法和技巧。

新闻管理模块的后台管理页面如图 6-1 和图 6-2 所示。

图 6-1　新闻管理模块的后台界面

广州市花都哈迪斯皮具有限公司 后台管理　　桌面　后退　前进　注销　退出

系统管理
系统用户管理
网站通告
网站配置
新闻管理
新闻列表

序号	标题	内容	发表时间	操作
1	新闻一	新闻一的内容	2014-10-02 11:20:30	修改 删除
2	新闻二	新闻二的内容	2014-10-03 11:20:30	修改 删除
3	新闻三	新闻三的内容	2014-10-04 11:20:30	修改 删除

增加新闻

图 6-2　新闻列表界面

项目分解

本项目将通过完成两个任务，来掌握网站中新闻管理模块的设计与制作过程。

任务 1：新闻管理界面的设计。

任务 2：增、删、查、改功能的实现。

任务 1　新闻管理界面的设计

新闻管理模块主要用于完成新闻信息的增、删、查、改等操作，因此，对于新闻管理界面来说，就是要设计一个能体现上述功能的界面。

相关知识

6.1.1　了解在线 HTML 编辑器

在线 HTML 编辑器又称为基于浏览器的“所见即所得”HTML 编辑器，被广泛应用于各类网站的文章发布、论坛发贴等功能。例如，在 OSChina（开源中国社区）网站上发帖、写博客、提交新闻、添加开源软件等时，都要用到在线 HTML 编辑器。

目前，有非常多优秀的在线 HTML 编辑器，而且这些编辑器大多数都是开源的，用户可以随便使用。下面将介绍一些优秀的国产 HTML 编辑器。

KindEditor 可以说是目前最为优秀、成熟的编辑器之一，加载速度非常快，文档全面，支持扩展开发，为众多网站所使用。

xhEditor 是一个基于 jQuery 的简单小型 XHTML 编辑器，它具有高效、可视化、可基于网络访问等特点，并且能兼容 IE 6.0～8.0、Firefox 3.0、Opera 9.6、Chrome 1.0 和 Safari 3.22 等浏览器。xhEditor 中的文档也非常全面，支持插件开发。

新浪 Editor 应该算是最贴近网友体验的一款编辑器，简洁、大方，并且使用方便、功能强大。

eWebEditor 也是一款基于浏览器的、所见即所得的在线 HTML 编辑器。它能够在网页上实现许多桌面编辑软件（如 Word）所具有的强大可视编辑功能。Web 开发人员可以用它把传统的多行文本输入框 textarea 替换为可视化的文本输入框，使最终用户可以可视化地发布 HTML 格式的网页内容。eWebEditor 已基本成为网站内容管理发布的必备工具。

TQEditor 是国内第一个兼容 IE 9 的在线编辑器，也是一个功能体积比最优的在线编辑器。

uuHEdt 是一款基于 Web 的所见即所得的 HTML 网页编辑器，可以非常简单地在网站中嵌入可视化网页编辑功能。同样支持各类常见的浏览器，如 IE、Opera、Firefox、Chrome 和 Safari。

JAte 编辑器是一款精致、小巧的文本编辑器，目的是为了提升用户体验，主要基于 ActionScript 3.0（AS3）平台开发。由于需要 Flash Player 9 以上支持，JAte 在通用性上稍差一些。未来可能发布为组件形式，以满足 AS、Flex、AIR 等的调用。

6.1.2　GridView 控件的使用

ASP.NET 提供了许多工具，以在网格中显示表格数据，如 GridView 控件。通过使用 GridView 可以显示、编辑和删除多种不同的数据源（如数据库、XML 文件和公开数据的业务对象）中的数据。

1. GridView 数据绑定基础

GridView 控件主要用来绑定数据源，进行数据的显示。一般情况下，可以绑定到 SqlDataSource 控件的 DataTable 对象、DataView 对象等，也可以绑定到列表对象。

GrdiView 提供了两种数据绑定的方式：DataSourceID 与 DataSource。

使用 DataSourceID 属性进行数据绑定时，可将 GridView 控件绑定到数据源控件。GridView 控件支持双向数据绑定，也就是说，除可以使用该控件显示返回的数据之外，还可以使它自动支持对绑定数据的更新和删除操作。

使用 DataSource 属性进行数据绑定时，可绑定到包括 ADO.NET 数据集和数据读取器在内的各种对象。此方法需要为所有附加功能（如排序、分页和更新）编写代码。

2. 获取 GridView 被选中行的信息

GridView 有两个属性：AutoGenerateSelectButton 和 DataKeyNames。

❖ AutoGenerateSelectButton 设置为 true 时，GridView 会出现一个选择键。

❖ DataKeyNames 表示获取或设置一个数组，该数组包含了显示在 GridView 控件中的项的主键字段的名称。

当用户单击选择时，就可以取出主键字段的值。取 GridView 选中的值是通过 GridView 的 SelectedValue 属性来实现的。如下代码：

```
<asp:GridView ID="GridView2" runat="server" AllowPaging="True"
    AutoGenerateColumns="False"
    onselectedindexchanged="GridView2_SelectedIndexChanged"
    AutoGenerateSelectButton=true  DataKeyNames="Id">
<!-- 设置 DataKeyName 为 Id 字段 -->
    <Columns>
      <asp:BoundField DataField="Id" HeaderText="编号 " />
      <asp:BoundField DataField="Description" HeaderText="描述" />
    </Columns>
</asp:GridView>
```

除了可以用 SelectVaule 获得被选中行的信息以外，还可以使用以下属性获得被选中行的信息。

❖ SelectedDataKey：返回被选中行相关的 DataKey 对象，有多个数据键时很有用。

❖ SelectedIndex：返回选中行的索引（从零计算）。

❖ SelectedValue：返回选中行的数据键值。

❖ SelectedRow：返回被选中的行，返回 GridViewRow 对象。

3. 为 DataKeyNames 绑定多个键值

为 DataKeyNames 绑定多个键值的方法很简单，只需将字符串内的各键值以“,”分隔开就可以了。例如：

```
<asp:GridView id="grdEmployees" DataSourceID="srcEmployees"
DataKeyNames="LastName,FirstName" AutoGenerateSelectButton="true"
Runat="server" />
```

在绑定了多个键值的情况下，取值不再使用 SelectedValue 属性，而要使用 SelectedDataKey 属性，例如：

```
<asp:SqlDataSource id="srcEmployeeDetails"
ConnectionString="<%$ ConnectionStrings:Employees %>"
SelectCommand="SELECT * FROM Employees  WHERE FirstName=@FirstName AND LastName=
@LastName" Runat="server">
<SelectParameters>
<asp:ControlParameter Name="FirstName" ControlID="grdEmployees"
PropertyName='SelectedDataKey("FirstName")' />
<asp:ControlParameter Name="LastName" ControlID="grdEmployees"
PropertyName='SelectedDataKey("LastName")' />
</SelectParameters>
</asp:SqlDataSource>
```

4. GridView 的 DataKey 属性

DataKey 表示的是获取一个 DataKey 对象集合，这些对象表示 GridView 控件中的每一行的数据键值。

怎么使用 DataKey 呢？例如，要取 GridView1 第 6 行的 DataKey 键值，可以这样编写代码：

```
Object key = GridView1.DataKey[5].Value;
```

如果组键有多个键值，可以这样编写代码：

```
Object key = GridView1.DataKey[5].Values("LastName");
```

如果在 SelectedIndexChanged 事件中，可以这样编写代码：

```
int index = CustomersGridView.SelectedIndex;
Message.Text = CustomersGridView.DataKeys[index].Value.ToString();
```

任务实施

步骤 1：增加新闻、修改新闻界面的实现。

为了实现对新闻的增加与修改，在网站中要引入第三方在线编辑控件。引入的代码如下：

```
<iframe src="../Edit/editor.htm?id=content&amp;ReadCookie=0" frameborder="0"
marginheight="0" marginwidth="0" scrolling="No" height="450" style="width: 727px">
</iframe>
```

引入在线编辑控件后，页面的显示效果如图 6-3 所示。

步骤 2：删除新闻界面的实现。

为了实现新闻信息的删除与修改，在网站中需用 GridView 控件对所有的新闻信息进行数据绑定。同时，为了方便编辑与删除新闻信息，需要增加两个图片按钮控件。代码如下：

```
<asp:GridView ID="GridView1" Width="800px" AutoGenerateColumns="False"
    runat="server" onrowdeleting="GridView1_RowDeleting" DataKeyNames="ID"
    onrowediting="GridView1_RowEditing">
    <Columns>
    <asp:BoundField DataField="ID" HeaderText="编号" ReadOnly="True" SortExpression=
    "ID" />
    <asp:TemplateField HeaderText="新闻标题">
```

```
    <ItemTemplate>
    <asp:Label ID="Label1" runat="server" Text='<%# Eval("title") %>'>
</asp:Label>
    </ItemTemplate>
    </asp:TemplateField>
    <asp:TemplateField HeaderText="新闻类型">
        <ItemTemplate>
        <asp:Label ID="Label2" runat="server" Text='<%# Eval("typename") %>'>
</asp:Label>
        </ItemTemplate>
    </asp:TemplateField>
    <asp:TemplateField HeaderText="发布时间">
       <ItemTemplate>
         <asp:Label ID="Label3" runat="server" Text='<%# Eval("joindate") %>'>
</asp:Label>
       </ItemTemplate>
     </asp:TemplateField>
     <asp:TemplateField HeaderText="操作">
      <ItemTemplate>
      <asp:ImageButton ID="ImageButton1" runat="server"
         ImageUrl="~/Admin/Images/Edit.gif"
         CommandName="Edit" CausesValidation="false" />
      <asp:ImageButton ID="ImageButton2" runat="server"
OnClientClick="return confirm('确定删除? ');"
ImageUrl="~/Admin/Images/Delete.gif"
CommandName="Delete" CausesValidation="false" />
    </ItemTemplate>
</asp:TemplateField>
</Columns>
</asp:GridView>
```

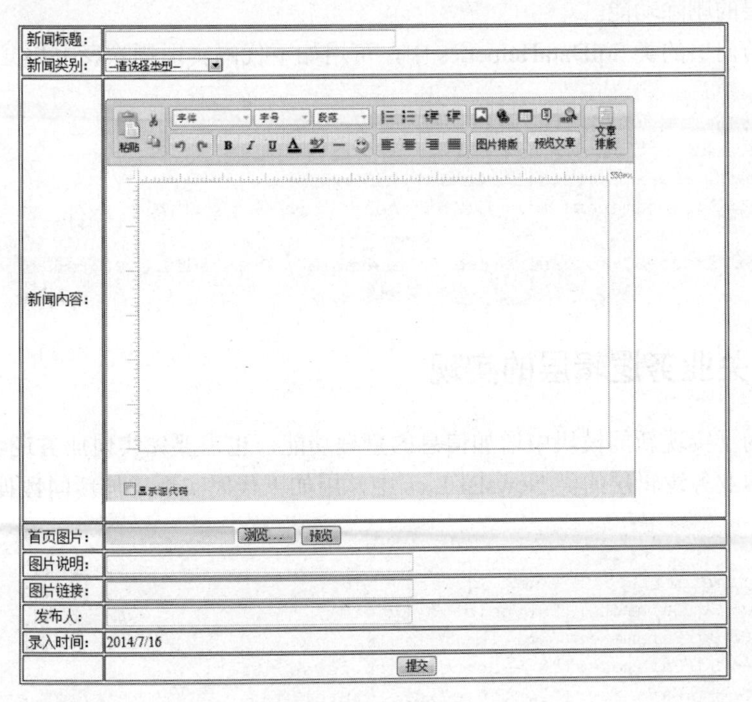

图 6-3　在线编辑控件

注意：GridView 控件绑定的数据是在后台代码里设定的，页面显示效果如图 6-4 所示。

编号	新闻标题	新闻类型	发布时间	操作
数据绑定	数据绑定	数据绑定	数据绑定	编辑 删除
数据绑定	数据绑定	数据绑定	数据绑定	编辑 删除
数据绑定	数据绑定	数据绑定	数据绑定	编辑 删除
数据绑定	数据绑定	数据绑定	数据绑定	编辑 删除
数据绑定	数据绑定	数据绑定	数据绑定	编辑 删除

<<< 1 2 3 4 5 6 7 8 9 10 ... > >>

图 6-4　新闻编辑、删除界面

任务 2　增、删、查、改功能的实现

对信息的增、删、查、改是系统开发中常见的功能，所做的工作就是对数据表进行增、删、查、改等操作。具体来说，增加信息就是对数据表进行 insert 操作；删除信息就是对数据表进行 delete 操作；修改信息就是对数据表进行 update 操作；查找信息就是对数据表进行 select 操作。

相关知识

6.2.1　相关数据访问层的实现

为了实现新闻模块增加、删除和修改信息的管理功能，首先要实现数据访问层的相关功能。例如，要实现删除新闻的功能，需要先实现数据访问层的功能，再由业务逻辑层调用数据访问层的删除功能。

在数据访问层的类 SqlDataHelper.cs 中，可用如下代码实现删除表中数据的功能。

```
public int deletetable(string tablename, string condition)
{
    SqlParameter[] pars = new SqlParameter[]{
        new SqlParameter("@tablename",tablename),
        new SqlParameter("@condition",condition)
    };
    return ExcuteSQLReturnInt("sp_deletetable", CommandType.StoredProcedure, pars);
}
```

6.2.2　相关业务逻辑层的实现

同样，为了实现新闻模块中增加信息的管理功能，也需要先实现业务逻辑层的功能。在新闻管理的业务逻辑层的类 NewsBLL.cs 中，用如下代码实现增加新闻数据的功能：

```
public int newsadd(News n)
{
    SqlParameter[] pars = new SqlParameter[]{
        new SqlParameter("@typeid",n.typeid),
        new SqlParameter("@title",n.title),
        new SqlParameter("@newscontent",n.newscontent),
        new SqlParameter("@picture",n.picture),
        new SqlParameter("@laiz",n.laiz),
```

```
        new SqlParameter("@joindate",n.joindate),
        new SqlParameter("@changedate",n.changedate),
        new SqlParameter("@imgurl",n.imgurl),
        new SqlParameter("@imgtext",n.imgtext),
        new SqlParameter("@imglink",n.imglink),
        new SqlParameter("@imgAlt",n.imgAlt)
    };
return SqlDataHelper.ExcuteSQLReturnInt("news_ADD",CommandType.StoredProcedure,
    pars);
}
```

用如下代码，实现修改新闻数据的功能：

```
public int newsUpdate(News n)
{
    SqlParameter[] pars = new SqlParameter[]{
        new SqlParameter("@id",n.id),
        new SqlParameter("@typeid",n.typeid),
        new SqlParameter("@title",n.title),
        new SqlParameter("@newscontent",n.newscontent),
        new SqlParameter("@picture",n.picture),
        new SqlParameter("@laiz",n.laiz),
        new SqlParameter("@changedate",n.changedate),
        new SqlParameter("@imgurl","ad"),
        new SqlParameter("@imgtext","asda"),
        new SqlParameter("@imglink","ad"),
        new SqlParameter("@imgAlt","asda")
    };
    return SqlDataHelper.ExcuteSQLReturnInt("news_Update", CommandType.StoredProcedure,
        pars);
}
```

用如下代码实现添加新闻类型的功能：

```
public int newsclassadd(string newsclass)
{
    SqlParameter[] pars = new SqlParameter[]{
        new SqlParameter("@typename",newsclass) };
    return SqlDataHelper.ExcuteSQLReturnInt("newsclass_ADD",
    CommandType.StoredProcedure,pars);
}
```

用以下代码实现修改新闻类型的功能：

```
 public int newsclassUpdate(int id, string typename)
{
    SqlParameter[] pars = new SqlParameter[]{
        new SqlParameter("@id",id),
        new SqlParameter("@typename",typename)
    };
    return SqlDataHelper.ExcuteSQLReturnInt("newsClass_Update",
CommandType.StoredProcedure, pars);
}
```

任务实施

步骤1：新建新闻相关信息表，以及增加、修改、删除新闻的存储过程。

（1）新建 WebShopDB 数据库及 news 表、newsclass 表、View_news 表。新建数据库及数据表的操作过程参见项目 3。其中，新建 news 表的 SQL 语句如下：

```
USE [WebShopDB]
/****** Object:  Table [dbo].[news]    Script Date: 2014/5/16 10:33:49 ******/
SET ANSI_NULLS ON
GO
SET QUOTED_IDENTIFIER ON
GO
CREATE TABLE [dbo].[news](
    [id] [int] IDENTITY(1,1) NOT NULL,
    [typeid] [int] NULL,
    [title] [nvarchar](50) NULL,
    [newscontent] [text] NULL,
    [picture] [nvarchar](50) NULL,
    [laiz] [nvarchar](50) NULL,
    [joindate] [datetime] NULL,
    [changedate] [datetime] NULL,
    [imgurl] [nvarchar](50) NULL,
    [imgtext] [nvarchar](50) NULL,
    [imglink] [nvarchar](50) NULL,
    [imgAlt] [nvarchar](50) NULL,
 CONSTRAINT [PK_news] PRIMARY KEY CLUSTERED
(
    [id] ASC
)WITH (PAD_INDEX = OFF, STATISTICS_NORECOMPUTE = OFF, IGNORE_DUP_KEY = OFF,
ALLOW_ROW_LOCKS = ON, ALLOW_PAGE_LOCKS =
ON) ON [PRIMARY]
) ON [PRIMARY] TEXTIMAGE_ON [PRIMARY]

GO

/****** Object:  Table [dbo].[newsclass]    Script Date: 2014/5/16 10:33:49 ******/
SET ANSI_NULLS ON
GO
SET QUOTED_IDENTIFIER ON
GO
CREATE TABLE [dbo].[newsclass](
    [id] [int] IDENTITY(1,1) NOT NULL,
    [typename] [nvarchar](50) NULL,
 CONSTRAINT [PK_newsclass] PRIMARY KEY CLUSTERED
(
    [id] ASC
)WITH (PAD_INDEX = OFF, STATISTICS_NORECOMPUTE = OFF,
IGNORE_DUP_KEY = OFF, ALLOW_ROW_LOCKS = ON, ALLOW_PAGE_LOCKS =
ON)    ON [PRIMARY]
) ON [PRIMARY]

GO

/****** Object:  View [dbo].[View_news]    Script Date: 2014/5/16 10:33:49 ******/
SET ANSI_NULLS ON
GO
SET QUOTED_IDENTIFIER ON
GO
CREATE VIEW [dbo].[View_news]
```

```
AS
SELECT  dbo.news.id, dbo.news.typeid, dbo.news.title, dbo.news.newscontent,
dbo.news.picture, dbo.news.laiz, dbo.news.joindate, dbo.news.changedate,
dbo.news.imgurl, dbo.news.imgtext, dbo.news.imglink, dbo.news.imgAlt,
dbo.newsclass.typename
FROM  dbo.news  INNER  JOIN  dbo.newsclass
ON dbo.news.typeid = dbo.newsclass.id

GO
EXEC sys.sp_addextendedproperty @name=N'MS_DiagramPane1', @value=N'[0E232FF0-
B466-11cf-A24F-00AA00A3EFFF, 1.00]
Begin DesignProperties =
   Begin PaneConfigurations =
      Begin PaneConfiguration = 0
         NumPanes = 4
         Configuration = "(H (1[40] 4[20] 2[20] 3) )"
      End
      Begin PaneConfiguration = 1
         NumPanes = 3
         Configuration = "(H (1 [50] 4 [25] 3))"
      End
      Begin PaneConfiguration = 2
         NumPanes = 3
         Configuration = "(H (1 [50] 2 [25] 3))"
      End
      Begin PaneConfiguration = 3
         NumPanes = 3
         Configuration = "(H (4 [30] 2 [40] 3))"
      End
      Begin PaneConfiguration = 4
         NumPanes = 2
         Configuration = "(H (1 [56] 3))"
      End
      Begin PaneConfiguration = 5
         NumPanes = 2
         Configuration = "(H (2 [66] 3))"
      End
      Begin PaneConfiguration = 6
         NumPanes = 2
         Configuration = "(H (4 [50] 3))"
      End
      Begin PaneConfiguration = 7
         NumPanes = 1
         Configuration = "(V (3))"
      End
      Begin PaneConfiguration = 8
         NumPanes = 3
         Configuration = "(H (1[56] 4[18] 2) )"
      End
      Begin PaneConfiguration = 9
         NumPanes = 2
         Configuration = "(H (1 [75] 4))"
      End
      Begin PaneConfiguration = 10
         NumPanes = 2
         Configuration = "(H (1[66] 2) )"
```

```
      End
      Begin PaneConfiguration = 11
         NumPanes = 2
         Configuration = "(H (4 [60] 2))"
      End
      Begin PaneConfiguration = 12
         NumPanes = 1
         Configuration = "(H (1) )"
      End
      Begin PaneConfiguration = 13
         NumPanes = 1
         Configuration = "(V (4))"
      End
      Begin PaneConfiguration = 14
         NumPanes = 1
         Configuration = "(V (2))"
      End
      ActivePaneConfig = 0
   End
   Begin DiagramPane =
      Begin Origin =
         Top = 0
         Left = 0
      End
      Begin Tables =
         Begin Table = "news"
            Begin Extent =
               Top = 6
               Left = 38
               Bottom = 145
               Right = 199
            End
            DisplayFlags = 280
            TopColumn = 0
         End
         Begin Table = "newsclass"
            Begin Extent =
               Top = 6
               Left = 237
               Bottom = 107
               Right = 383
            End
            DisplayFlags = 280
            TopColumn = 0
         End
      End
   End
   Begin SQLPane =
   End
   Begin DataPane =
      Begin ParameterDefaults = ""
      End
      Begin ColumnWidths = 9
         Width = 284
         Width = 1500
         Width = 1500
```

```
            Width = 1500
            Width = 1500
            Width = 1500
            Width = 1500
            Width = 1500
            Width = 1500
         End
      End
      Begin CriteriaPane =
         Begin ColumnWidths = 11
            Column = 1440
            Alias = 900
            Table = 1170
            Output = 720
            Append = 1400
            NewValue = 1170
            SortType = 1350
            SortOrder = 1410
            GroupBy = 1350
            Filter = 1350
            Or = 1350
            Or = 1350
            Or = 1350
         End
      End
   End
   ' , @level0type=N'SCHEMA',@level0name=N'dbo',
   @level1type=N'VIEW',@level1name=N'View_news'
   GO
   EXEC sys.sp_addextendedproperty @name=N'MS_DiagramPaneCount', @value=1 ,
   @level0type=N'SCHEMA',@level0name=N'dbo',
   @level1type=N'VIEW',@level1name=N'View_news'
   GO
```

（2）增加新闻的存储过程 news_ADD 的代码如下：

```
news_ADD
USE [WebShopDB]
GO
/****** Object:  StoredProcedure [dbo].[news_ADD]    Script Date: 2014/5/16 10:30:08
******/
SET ANSI_NULLS ON
GO
SET QUOTED_IDENTIFIER ON
GO
------------------------------------
--用途：增加一条记录
--项目名称：
--说明：
--时间：/8/7 19:40:02
------------------------------------
CREATE PROCEDURE [dbo].[news_ADD]
@typeid int,
@title nvarchar(50),
@newscontent text,
@picture nvarchar(50),
@laiz nvarchar(50),
```

```
@joindate datetime,
@changedate datetime,
@imgurl nvarchar(50),
@imgtext nvarchar(50),
@imglink nvarchar(50),
@imgAlt nvarchar(50)

 AS
    INSERT INTO [news](
    [typeid],[title],[newscontent],[picture],[laiz],[joindate],[changedate],
    [imgurl],[imgtext],[imglin
k],[imgAlt]
    )VALUES(
   @typeid,@title,@newscontent,@picture,@laiz,@joindate,@changedate,@imgurl,@imgtext,
@imglink,@imgAlt
    )
```

（3）修改新闻的存储过程 news_Update 的代码如下：

```
set ANSI_NULLS ON
set QUOTED_IDENTIFIER ON
go

------------------------------------
--用途：修改一条记录
--项目名称：
--说明：
--时间：/8/10 20:41:43
------------------------------------
CREATE PROCEDURE [dbo].[news_Update]
@id int,
@typeid int,
@title nvarchar(50),
@newscontent text,
@picture nvarchar(50),
@laiz nvarchar(50),
@changedate datetime,
@imgurl nvarchar(50),
@imgtext nvarchar(50),
@imglink nvarchar(50),
@imgAlt nvarchar(50)
 AS
    UPDATE [news] SET
    [typeid] = @typeid,[title] = @title,[newscontent] = @newscontent,[picture] =
    @picture,[laiz]
             = @laiz,[changedate] = @changedate,[imgurl] = @imgurl,[imgtext]
             = @imgtext,[imglink] =
    @imglink,[imgAlt] = @imgAlt
 WHERE id=@id
```

（4）删除新闻的存储过程 sp_deletetable 的代码如下：

```
USE [WebShopDB]
GO
/****** Object:  StoredProcedure [dbo].[sp_deletetable]    Script Date: 2014/5/16
10:31:15 ******/
SET ANSI_NULLS ON
GO
```

```
SET QUOTED_IDENTIFIER ON
GO

-- =============================================
-- Author:        Zhousa
-- Create date: 2014 年月日:14:23
-- Description:   删除功能
-- =============================================
CREATE PROCEDURE [dbo].[sp_deletetable]
 @tablename nvarchar(100),
 @condition nvarchar(500)
AS
BEGIN
    DECLARE @Sql nvarchar(800)
    SET @Sql='delete from '+@tablename+' '+@condition
-- PRINT @Sql
    EXEC(@Sql)
END
```

步骤 2：查找新闻信息功能的实现。

对新闻信息的查找就是对所有新闻信息的数据绑定。正如在任务 1 中所述，显示所有新闻信息是通过 GridView 控件来实现的。同时，为了方便绑定所需要的数据，GridView 控件的数据是在后台代码里设定的，主要的实现代码如下：

```
public static int pageindex = 0;
public static int pagesize = 10;
public static string condition = "";
SqlDataHelper commtool = new SqlDataHelper();
protected void Page_Load(object sender, EventArgs e)
{
    if (!IsPostBack)
    {
        getnewslistbind();
    }
}
public void getnewslistbind()
{
    this.AspNetPager1.RecordCount = commtool.getdatacountbycondition("View_News", "");
    this.AspNetPager1.PageSize = 10;
this.GridView1.DataSource = commtool.getpageindex(pageindex, pagesize, "View_News", "*",
" ", "id");
    this.GridView1.DataBind();
}
```

步骤 3：增加新闻信息功能的实现。

增加新闻信息就是从页面中获得相应的新闻信息，通过业务逻辑层的方法执行存储过程，然后把相应的信息插入新闻列表中。主要的实现代码如下：

```
News n = new News();
NewsBLL newsbll = new NewsBLL();
protected void btnSubmit_Click(object sender, EventArgs e)
{
    if (this.ddlTypeList.SelectedValue == "选择类型")
    {
        ClientScript.RegisterStartupScript(this.GetType(), "test", "alert('请选择新闻
        类型')", true);
```

```
            return;
        }
        if (this.content.Value == "")
        {
            ClientScript.RegisterStartupScript(this.GetType(), "test", "alert('请输入新闻
            内容')", true);
            return;
        }
        n.typeid = int.Parse(this.ddlTypeList.SelectedValue.ToString());
        n.title = txtName.Text;
        n.picture = ProPicture;
        n.newscontent = HttpUtility.HtmlDecode(this.content.Value);
        n.laiz = this.txtLaiZ.Text;
        n.imgAlt = this.txtText.Text;
        n.imgtext = this.txtText.Text;
        n.imglink = this.txtImgLink.Text;
        n.imgurl = @"\Admin\FileImg\NewsImg\" + ProPicture;
        n.joindate = Convert.ToDateTime(lbTime.Text);
        n.changedate = Convert.ToDateTime(lbTime.Text);
        newsbll.newsadd(n);
        Server.Transfer("EditAndDelNews.aspx");
    }
```

步骤 4：删除与修改新闻信息功能的实现。

删除新闻信息的功能很简单，只要得到相应新闻信息的主键，按条件删除新闻列表相应的记录就可以。主要的实现代码如下：

```
SqlDataHelper commtool = new SqlDataHelper();

protected void GridView1_RowDeleting(object sender, GridViewDeleteEventArgs e)
{
    string id = this.GridView1.DataKeys[e.RowIndex].Value.ToString();
    commtool.deletetable("news", " where id=" + id);
    getnewslistbind();
}

public void getnewslistbind()
{
    this.AspNetPager1.RecordCount = commtool.getdatacountbycondition("View_News", "");
    this.AspNetPager1.PageSize = 10;
    this.GridView1.DataSource = commtool.getpageindex(pageindex, pagesize, "View_News", "*",
        " ", "id");
    this.GridView1.DataBind();
}
```

修改新闻信息的功能是这样实现的：先从新闻信息绑定列表中得到相应新闻信息的主键，然后跳转到 NewsUpdate.aspx 页面，代码如下：

```
protected void GridView1_RowEditing(object sender, GridViewEditEventArgs e)
{
    string id = this.GridView1.DataKeys[e.NewEditIndex].Value.ToString();
    Server.Transfer("NewsUpdate.aspx?id=" + id);
}
```

在 NewsUpdate.aspx 页面中可以对内容进行修改操作，代码如下：

```
NewsBLL newsbll = new NewsBLL();
News news = new News();
```

```
protected void btnSubmit_Click(object sender, EventArgs e)
{
    if (this.ddlTypeList.SelectedValue == "选择类型")
    {
        ClientScript.RegisterStartupScript(this.GetType(), "test", "alert('请选择新闻
        类型')", true);
        return;
    }
    if (this.content.Value == "")
    {
        ClientScript.RegisterStartupScript(this.GetType(), "test", "alert('请输入新闻
        内容')", true);
        return;
}
    news.id = Int32.Parse(id);
    news.typeid = int.Parse(this.ddlTypeList.SelectedValue.ToString());
    news.title = txtName.Text;
    news.picture = ProPicture;
    news.newscontent = this.content.Value;
    news.laiz = this.txtLaiZ.Text;
    news.imgAlt = this.txtText.Text;
    news.imgtext = this.txtText.Text;
    news.imglink = this.txtImgLink.Text;
    news.imgurl = @"\Admin\FileImg\NewsImg\" + ProPicture;
    news.changedate = Convert.ToDateTime(lbTime.Text);
    if (newsbll.newsUpdate(news) != 0)
    {
        ClientScript.RegisterStartupScript(this.GetType(), "test", "alert('修改成功!
        ')", true);
        Server.Transfer("EditAndDelNews.aspx");
        return;
    }
    else
    {
        ClientScript.RegisterStartupScript(this.GetType(), "test", "alert('修改失败!
        ')", true);
        return;
    }
}
```

项目总结

本项目主要围绕新闻管理模块，利用三层架构及GridView控件来实现新闻信息的增加、查找、修改和删除操作。本实训项目对数据访问层、业务逻辑层和显示层进行了深入的讲解和实现代码分析，旨在增强读者理解与熟练运用三层架构及ASP.NET控件的能力。

拓展训练

1. 描述如何利用三层架构实现新闻管理功能。
2. 利用三层架构实现对产品信息的管理。

项目 7

站内搜索模块设计

项目引入

站内搜索功能对于需要快速获取网站信息的用户来说，具有非常重要的作用。调查显示，大部分消费者在第一次访问某个网站时，往往首先进行站内搜索，如果搜索结果中没有他们想要的，则部分消费者会马上离开，去别的网站寻找。这对该网站来说，就等于是失去了一个与用户建立关系和增加销售的机会。

实现站内搜索的关键在于设计搜索入口、执行搜索和展示搜索结果。通常而言，用户可以对产品信息、服务信息和公司新闻信息等进行站内搜索操作。

本项目中，将以新闻信息的搜索为例，介绍站内搜索功能的设计与实现。其中，站内搜索前台页面如图 7-1 所示。

图 7-1　站内搜索前台页面

用户在列表框中选择“新闻信息”选项，在其下的搜索文本框中输入欲搜索的信息，单击“搜索”按钮，则会显示如图 7-2 所示的搜索结果页面。

图 7-2　搜索结果页面效果

任务 站内搜索功能的实现

实现站内搜索的关键在于设计搜索入口、执行搜索和展示搜索结果。

本任务将以新闻信息搜索为例，介绍实现站内搜索功能的方法。要完成本任务，需要用到数据库中的 news 数据表，主要是数据表信息的检索、分页以及 DataList 控件的应用。

下面就来一一进行介绍。

相关知识

7.1.1 设计搜索入口

搜索入口应使用显眼的设计，通常位于第一屏的居中或居右的位置，如图 7-3 所示。

图 7-3 搜索入口设计举例

搜索入口通常具有如下特点。

❖ 搜索框中一般有提示文字，如“请输入关键字”、“关键字”、“分类”、url 等，以在视觉上标识该输入框的功能或提示可行的操作。

❖ 具有焦点功能，即页面初始化和输入框失去焦点时，会显示提示文字；鼠标聚焦搜索框时，会消除提示文字。

❖ 输入词智能（模糊）匹配提示（search suggest）近年来也逐渐成为搜索入口的设计标配。智能提示的搜索词可以在一定意义上引导用户进行集中而热门的搜索，获得更有效的结果，以及拓展关联搜索。

❖ 许多网站会在全局搜索入口中放置分类搜索下拉菜单。对于通用搜索和拥有复杂信息类型的网站而言，该下拉菜单可以帮助用户精确搜索目标，减少点击次数。

设计站内搜索时，可供应用的 ASP.NET 主要控件及用途如表 7-1 所示。

表 7-1 站内搜索可用的 ASP.NET 控件及用途

控件类型	控件名称	用途
标准/TextBox 控件	txtSearch	输入检索关键字
标准/Button 控件	BtnSearch	“搜索”按钮
标准/DropDownList	ddl_Search	创建分类搜索下拉列表，其中每个选项由 ListItem 元素定义

为 DropDownList 控件添加列表项，显示站内检索类别下拉菜单，其实现方法有两种。

（1）通过属性窗口为 DropDownList 控件添加列表项。

在控件上单击鼠标右键，在弹出的快捷菜单中选择“属性”命令，打开属性窗口，然后选择 Item 项，单击其后的...按钮，打开“ItemList 编辑器”窗口，为 DropDownList 控件添加列表项。

（2）在 HTML 源代码中编写代码。

将页面切换到 HTML 源代码中，添加如下代码，为 DropDownList 控件添加列表项，显示站内搜索类别。具体代码如下：

```
<asp:DropDownList ID="ddl_Search" runat="server">
<asp:ListItem>新闻信息</asp:ListItem>
<asp:ListItem>产品信息</asp:ListItem>
<asp:ListItem>服务信息</asp:ListItem>
</asp:DropDownList>
```

7.1.2 执行搜索

当用户输入搜索关键字后，单击“搜索”按钮，将会触发该按钮的 Click 事件，在该事件下调用自定义方法，检索数据库，并将搜索到的信息显示在搜索结果页面。要执行搜索条件，关键在于应用 SQL 语句中的 Like 运算符进行模糊查询。下面对 Like 运算符进行介绍。

Like 运算符用于确定给定的字符串是否与指定模式匹配。模式可以包含常规字符和通配符字符，其中常规字符必须与字符串中指定的字符完全匹配，而通配字符只需与字符串中的部分匹配即可。例如，要查询 Info 表中信息名称含有 M 的记录，可以使用如下代码。

```
select * from Info where InfoName like '%M%'
```

上面代码中的%为通配符。

SQL 语句中的通配符及其说明如表 7-2 所示。

表 7-2 SQL 语句中的通配符及其说明

通 配 符	说 明
%	包含 0 个或更多字符的任意字符串。例如，like'%x%'表示查找在字符串的任何位置包含 x 的值
_	任何单个字符。例如，like'x_y'表示查找以 x 开头、y 结尾的值，并且在这两个字符之间有任意一个字符
[]	属于指定范围或集合中的任何单个字符。例如，[af]表示属于指定范围（[a-f]）或集合（[abcdef]）中的任何单个字符
[^]	不属于指定范围或集合的任何单个字符。例如，[^af]表示不属于指定范围（[a-f]）或集合（[abcdef]）中的任何单个字符

7.1.3 展示搜索结果

使用数据控件，如 DataList 控件，可以很容易地展示来自后端数据源中的数据。

DataList 控件可以显示模板定义的数据绑定列表，其内容可以使用模板进行控制。通过使用 DataList 控件，用户可以显示、选择和编辑多种不同数据源中的数据。DataList 控件的最大特点是一定要通过模板来定义数据的显示格式。

DataList 控件支持的模板如下。

- ❖ AlternatingItemTemplate：如果已定义，则为 DataList 中的交替项提供内容和布局。如果未定义，则使用 ItemTemplate。
- ❖ EditItemTemplate：如果已定义，则为 DataList 中当前编辑项提供内容和布局。如果未定义，则使用 ItemTemplate。
- ❖ FooterTemplate：如果已定义，则为 DataList 的脚注部分提供内容和布局。如果未定义，则不显示脚注部分。
- ❖ HeaderTemplate：如果已定义，则为 DataList 的页眉节提供内容和布局。如果未定义，则不显示页眉节。
- ❖ ItemTemplate：为 DataList 中的项提供内容和布局所要求的模板。
- ❖ SelectedItemTemplate：如果已定义，则为 DataList 中当前选定项提供内容和布局。如果未定义，则使用 ItemTemplate。
- ❖ SeparatorTemplate：如果已定义，则为 DataList 中各项之间的分隔符提供内容和布局。如果未定义，则不显示分隔符。

DataList 控件常用的属性、方法和事件分别如表 7-3、表 7-4 和表 7-5 所示。

表 7-3　DataList 控件的常用属性及其说明

属　性	说　明
Attributes	获取与控件的属性不对应的任意特性的集合
BindingContainer	获取包含该控件的数据绑定的控件
Controls	获取 System.Web.UI.ControlCollection 对象，它包含数据列表控件中的子控件的集合
CssClass	获取或设置由 Web 服务器控件在客户端呈现的级联样式表（CSS）类
DataKeyFile	获取或设置由 DataSource 属性指定的数据源中的键字段
DataKeys	获取一个 DataKey 对象集合，这些对象表示 DataList 控件中的每一行的数据键值
DataMember	当数据源包含多个不同的数据项列表时，获取或设置数据绑定控件绑定到的数据列表的名称
DataSource	获取或设置对象，数据绑定控件从该对象中检索其数据项列表
DataSourceID	获取或设置控件的 ID，数据绑定控件从该控件中检索其数据项列表
Enabled	获取或设置一个值，该值指示是否启用 Web 服务器控件
HorizontalAlign	获取或设置 DataList 控件在页面上的水平对齐方式
ID	获取或设置分配给服务器控件的编程标识符
Page	获取对包含服务器控件的 Page 实例的引用
RepeatColumns	获取或设置要在 DataList 控件中显示的列数
SelectedIndex	获取或设置 DataList 控件中选定项的索引
SelectedValue	获取所选择的数据列表项的键字段值
ShowFooter	获取或设置一个值，该值指示是否在 DataList 控件中显示脚注部分
ShowHeader	获取或设置一个值，该值指示是否在 DataList 控件中显示页眉节

表 7-4　DataList 控件的常用方法及其说明

方　法	说　明
ApplyStyleSheetSkin	将页样式表中定义的样式属性应用到控件
DataBind	将数据源绑定到 DataList 控件
Dispose	使服务器控件在从内存中释放之前执行最后的清理操作
FindControl	在当前的命名容器中搜索指定的服务器控件
Focus	为控件设置输入焦点
GetType	获取当前实例的 Type
HasControls	确定服务器控件是否包含任何子控件
IsBindableType	确定指定的数据类型是否能绑定到 DataList 控件中的列
RenderControl	输出服务器控件内容，并存储有关此控件的跟踪信息
ResolveUrl	将 URL 转换为在请求客户端可用的 URL

表 7-5　DataList 控件的常用事件及其说明

事　件	说　明
CancelCommand	对 DataList 控件中的某个项，单击 Cancel 按钮时发生
DeleteCommand	对 DataList 控件中的某个项，单击 Delete 按钮时发生
EditCommand	对 DataList 控件中的某个项，单击 Edit 按钮时发生
ItemCommand	当单击 DataList 控件中的任一按钮时发生
ItemCreated	当在 DataList 控件中创建项时，在服务器上发生
ItemDataBound	当项被数据绑定到 DataList 控件时发生
UpdateCommand	对 DataList 控件中的某个项，单击 Update 按钮时发生

下面举例说明如何通过设置模板为 DataList 控件定义数据的呈现样式，并完成数据绑定。

【举例】DataList 控件的数据绑定。

（1）新建一个名为 DataListBingding.aspx 的页面，在页面上添加一个 DataList 控件。

（2）编辑 DataList 控件，并设置项模板，进行显示字段影射。

在 Visual Studio 环境中单击 DataList 控件快捷任务面板右上角的▷标记，打开“DataList 任务”快捷菜单，如图 7-4 所示。

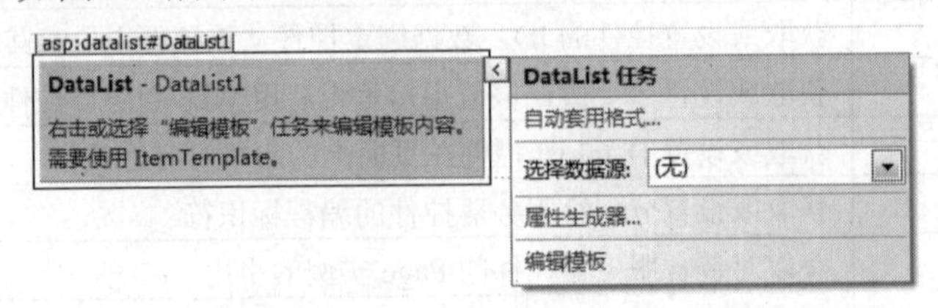

图 7-4　打开 DataList 的模板编辑器

选择“编辑模板”命令，进入模板编辑界面，如图 7-5 所示。

在本例中由于只用实现 DataList 控件的数据绑定，所以这里只简单地定义一个 ItemTemplate 即可。单击选择模板类型后，编辑 ItemTemplate 模板样式，并添加 3 个 Label

控件，用于显示数据源中的数据记录。Label 控件的 ID 属性分别为 stu_no（学号）、stu_name（姓名）、stu_score（分数），如图 7-6 所示。

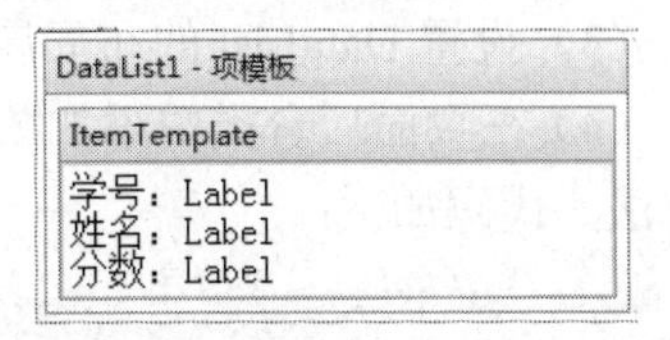

图 7-5 模板编辑界面　　　　图 7-6 设计项模板

单击 ID 属性为 stu_no 的 Label 控件右上角的▷标记，打开“Label 任务”快捷菜单，选择“编辑 DataBindings”命令，打开 stu_no DataBindings 对话框。在 Text 属性的“代码表达式”文本框中输入“Eval("no")”，用于绑定数据源中的 no 字段，如图 7-7 所示。

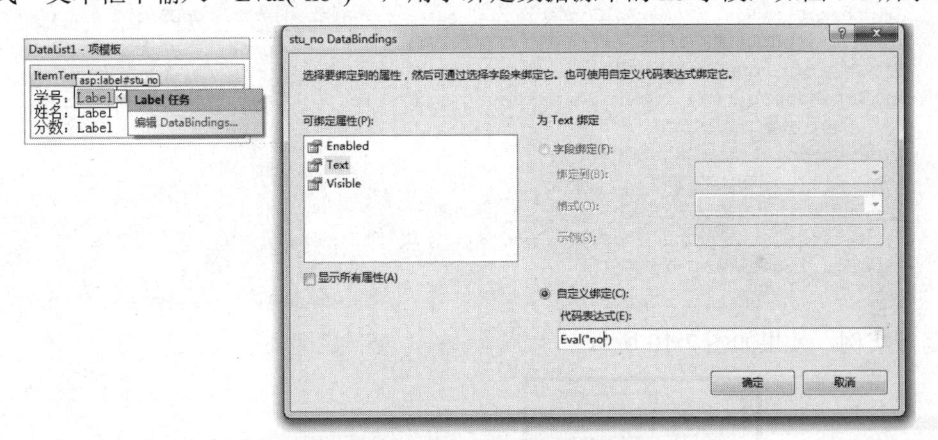

图 7-7 stu_no DataBindings 对话框

其中，Eval 方法用于读取数据绑定后当前显示项所呈现的数据项（某条记录）的相应字段数据，Eval 方法的参数"XXX"用于指定记录中要显示的字段名。

使用同样的方法确定 stu_name 和 stu_score 的 Label 控件，然后结束模板编辑，如图 7-8 所示。

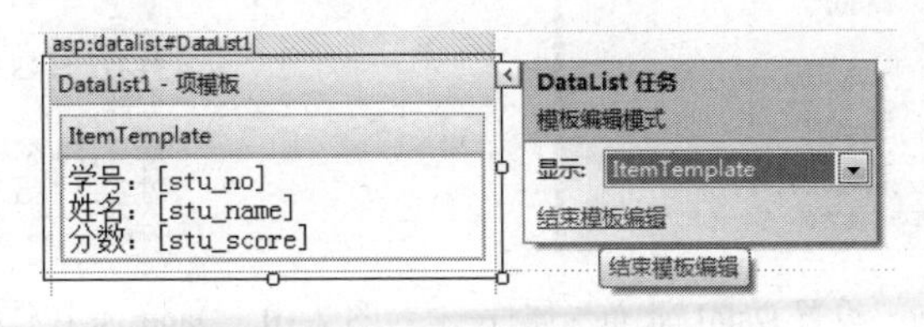

图 7-8 结束模板编辑

定义模板后的页面代码如下：

```
<asp:DataList ID="DataList1" runat="server" CellSpacing="5" RepeatColumns="1">
  <ItemTemplate>
```

```
    学号：<asp:Label ID="stu_no" runat="server" Text='<%# Eval("no") %>'></asp:Label>
    <br />
    姓名：<asp:Label ID="stu_name" runat="server" Text='<%# Eval("name") %>'></asp:Label>
    <br />
    分数：<asp:Label ID="stu_score" runat="server" Text='<%# Eval("score") %>'></asp:Label>
  </ItemTemplate>
</asp:DataList>
```

（3）设置 DataList 的布局属性，采用 Table 布局，每行显示一项，如图 7-9 所示。

（4）在页面后台类中添加数据绑定方法 listbind()，并在页面的 Page_Load 事件里调用该方法。代码如下：

```
protected void Page_Load(object sender, EventArgs e)
{
    if (!Page.IsPostBack)
        listbind();
}
void listbind()
{
    //实例化 SqlConnection 对象
    SqlConnection con = new SqlConnection("server=.;database=WebShopDB;uid=sa;pwd=");
    con.Open();
    //实例化 SqlDataAdapter 对象
    SqlDataAdapter sda = new SqlDataAdapter("select * from stu",con);
    //实例化数据集 DataSet
    DataSet ds = new DataSet();
    sda.Fill(ds,"stu");
    //绑定 DataList 控件
    DataList1.DataSource = ds.Tables["stu"].DefaultView;
    DataList1.DataBind();
}
```

运行实例，效果如图 7-10 所示。

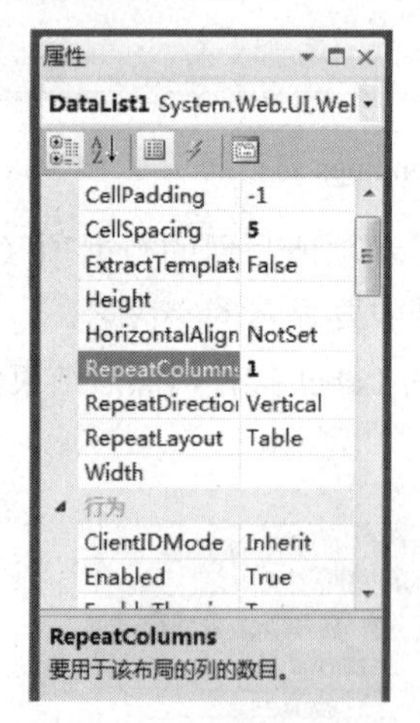

学号：001
姓名：张三
分数：80
学号：002
姓名：李四
分数：90
学号：003
姓名：丁五
分数：70

图 7-9　设置 DataList 布局属性　　　图 7-10　DataList 控件绑定数据源

任务实施

本任务以新闻信息搜索为例，实现网站首页的站内搜索功能。主要用到了数据表信息的检索、分页功能以及 DataList 控件。

步骤 1：用 SQL Server 创建数据库、数据表、存储过程。

（1）创建数据库 WebShopDB，使用 SQL 语句创建新闻表 news，详细代码参考项目 3，这里不再赘述。

（2）编写存储过程。本任务用到了两个存储过程：getdatacountbycondition 和 sp_getdatebyPageIndex。

存储过程 getdatacountbycondition 的代码如下：

```
USE [WebShopDB]
GO
/****** Object:  StoredProcedure [dbo].[getdatacountbycondition]    Script Date:
08/27/2014 13:34:02 ******/
SET ANSI_NULLS ON
GO
SET QUOTED_IDENTIFIER ON
GO
-- =============================================
-- Author:        zhousa
-- Description:   查询
-- =============================================
ALTER PROCEDURE [dbo].[getdatacountbycondition]
    -- Add the parameters for the stored procedure here
    @tablename nvarchar(100),
    @condition nvarchar(200)

    AS
BEGIN
    DECLARE @sql nvarchar(1000)
    SET @sql='SELECT count(*) FROM '+ @tablename +' WHERE 1=1 '+ @condition
    EXEC(@sql)
END
```

上述代码中，USE [WebShopDB]表明操作针对 WebShopDB 数据库，该存储过程用于查询 WebShopDB 数据库中表的内容，有两个参数：tablename 和 condition。

❖ tablename：要查询的表或视图名称。

❖ condition：查询条件。

在执行存储过程时，需明确这两个声明参数的值。

存储过程 sp_getdatebyPageIndex 的代码如下：

```
USE [WebShopDB]
GO
/****** Object:  StoredProcedure [dbo].[sp_getdatebyPageIndex]    Script Date:
08/25/2014 23:11:43 ******/
SET ANSI_NULLS ON
GO
SET QUOTED_IDENTIFIER ON
GO
-- =============================================
-- Author:        Zhousa
-- Create date: 2014 年月日:20:01
-- Description:   分页
-- =============================================
```

```
ALTER PROCEDURE [dbo].[sp_getdatebyPageIndex]
    -- Add the parameters for the stored procedure here
    @pageindex int=0,
    @pagesize int=10,
    @table nvarchar(100),
    @columns nvarchar(500),
    @condition nvarchar(300),   -- and ,or
    @pk nvarchar(100)

    AS
BEGIN
    DECLARE @sql nvarchar(1000)
    SET @sql=' select top '+cast(@pagesize AS nvarchar(10))+''+@columns + ' from '+@table+
    ' where '+@pk+' not in (select top '+ cast(@pageindex*@pagesize AS nvarchar(10))+
    ' '+ @pk +' from '+ @table+' where 1=1 '+@condition+')' +@condition
--   PRINT @sql
    EXEC(@sql)

END
```

同样，该存储过程的操作也是针对 WebShopDB 数据库，用于实现查询结果的分页功能。包含 6 个参数，其中，pageindex 表示页码，pagesize 表示页数，table 表示表名，columns 表示列数，condition 表示条件，pk 表示主键。在执行存储过程时，也需明确这 6 个声明参数的值。

（3）加入测试数据，如图 7-11 所示。

id	typeid	title	newscontent	picture	laiz	joindate	changedate
1	1	中国箱包业的...	中国箱包业的...	1.jpg	花都狮岭国际...	2020-10-27 0...	2020-10-27 0...
2	2	带给世界的皮...	带给世界的皮...	2.jpg	花都狮岭国际...	2020-09-13 0...	2020-09-13 0...
3	1	第二十八届广...	第二十八届广...	3.jpg	花都狮岭国际...	2020-08-05 0...	2020-08-05 0...
NULL	NULL	NULL	NULL	NULL	NULL	NULL	NULL

图 7-11　添加新闻数据

步骤 2：编写 DAL、BLL 相关数据库操作类。

BLL 是业务逻辑层，DAL 是数据访问层，业务逻辑层在数据访问层之上，也就是说，BLL 调用 DAL 的类和对象，DAL 访问数据并将其传给 BLL。

（1）编写 DAL 类，参考代码如下：

```
using System;
using System.Collections.Generic;
using System.Web;
using System.Data;
using System.Data.SqlClient;
public class SqlDataHelper
{
    public static string ConnString
    {
        get
        {
            return System.Configuration.ConfigurationManager.ConnectionStrings
             ["WebDBConnectionString"].ToString();     //从配置文件中获取数据库连接字符串
        }
    }
```

```
    public static DataTable SelectSqlReturnDataTable(string sql, CommandType type,
SqlParameter[] pars)
    {
        SqlConnection conn = new SqlConnection(ConnString);     //实例化数据库连接对象
        SqlDataAdapter sda = new SqlDataAdapter(sql, conn);     //实例化数据适配器对象
        if (pars != null && pars.Length > 0)        //若参数不为空并且长度大于零
        {
            foreach (SqlParameter p in pars)
            {
                sda.SelectCommand.Parameters.Add(p); //在数据源中选择数据
            }
        }
        sda.SelectCommand.CommandType = type;
        DataTable dt = new DataTable();
        sda.Fill(dt);                               //将读取的数据行填充至DataTable对象
        return dt;
    }
public static object SelectSqlReturnObject(string sql, CommandType type,
SqlParameter[] pars)
{
    SqlConnection conn = new SqlConnection(ConnString);         //实例化数据库连接对象
    if (conn.State == ConnectionState.Closed || conn.State == ConnectionState.Broken)
    {
        conn.Open();                                //打开数据库连接
    }
    try
    {
        //声明并实例化SqlCommand对象
        SqlCommand cmd = new SqlCommand(sql, conn);
        cmd.CommandType = type;                     //设置SqlCommand对象要执行命令的类型
        if (pars != null && pars.Length > 0)    //若参数不为空并且长度大于零
        {
            foreach (SqlParameter p in pars)
            {
                cmd.Parameters.Add(p);
            }
        }

        object obj = cmd.ExecuteScalar();       //执行查询

        return obj;
    }
    catch (Exception ex)
    {
        return null;
    }
    finally
    {
        conn.Close();                               //关闭数据库连接
    }
  }
}
```

（2）编写BLL类，其中声明两个方法：getdatacountbycondition和getpageindex。

❖ getdatacountbycondition方法：用于执行查询，返回整数（即查询到的记录数）。有两个参数，分别是tablename（要查询的表或视图名称）和condition（查询条件）。

❖ getpageindex 方法：用于执行查询，返回数据表对象 DataTable。有 6 个参数，其中，pageindex 表示页码，pagesize 表示页数，tablename 表示要查询的表或视图名称，columns 表示要查询的列，condition 表示条件，pk 表示主键。

参考代码如下：

```
using System;
using System.Collections.Generic;
using System.Web;
using System.Data;
using System.Data.SqlClient;
public class CommTool
{
    public int getdatacountbycondition(string tablename, string condition)
    {
       SqlParameter[] pars = new SqlParameter[]{
       new SqlParameter("@tablename",tablename),
       new SqlParameter("@condition",condition)
    };
    return   int.Parse(SqlDataHelper.SelectSqlReturnObject
     ("getdatacountbycondition", CommandType.StoredProcedure, ars).ToString());
}

    public DataTable getpageindex(int pageindex, int pagesize, string tablename,
    string columns,
    string conditions, string pk)
    {
       SqlParameter[] pars = new SqlParameter[]{
       new SqlParameter("@pageindex",pageindex),
       new SqlParameter("@pagesize",pagesize),
       new SqlParameter("@table",tablename),
       new SqlParameter("@columns",columns),
       new SqlParameter("@condition",conditions),
       new SqlParameter("@pk",pk)
    };
    return SqlDataHelper.SelectSqlReturnDataTable("sp_getdatebyPageIndex",
    CommandType.StoredProcedure, pars);
    }
}
```

步骤 3：打开项目中的 index.aspx 文件，使用 DIV+CSS 设计搜索前台代码。

（1）首先设计页面布局，参考代码如下：

```
<div  class="box2">
   <h3>站内搜索</h3>
   <div>
      <asp:DropDownList ID="ddl_Search" runat="server">
      <asp:ListItem>新闻信息</asp:ListItem>
      ...
      </asp:DropDownList>
      <div>
         <asp:TextBox ID="txtSearch" runat="server" Width="129px">
         </asp:TextBox>
         <asp:Button ID="BtnSearch" runat="server" OnClick="BtnSearch_Click" Text="
          搜索" />
      </div>
```

```
    </div>
</div>
```

这段代码使用了 3 个 DIV 层容器进行控制。第一行使用了一个顶层 DIV 层容器，在这个层中嵌套了一个独立的 DIV 层，包括搜索类别下拉列表。中间的 DIV 层又嵌套了一个独立的 DIV 层容器，包括搜索关键字文本框和搜索按钮。

（2）应用 CSS 样式设置页面格式，如宽度、高度、边距、缩进等，具体代码如下：

```
.box2{ margin-bottom:20px; }
.box2 h3{ background:url(Images/box2title.gif); width:196px; height:25px;
 line-height:25px;  text-indent:30px; color:#fff; margin-top:10px}
```

其中，margin 属性用于控制元素边界与网页文件其他内容的空白距离，4 个边界分为 margin-top（上）、margin-right（右）、margin-bottom（下）和 margin-left（左）。background 属性用于设置背景图片，包括图片路径和图片文件名。width 属性用于设置元素宽度，height 属性用于设置元素高度，line-height 用于设置行高，text-indent 用于设置首行缩进，color 用于设置颜色。

步骤 4： 编写后台功能代码。

（1）当用户选择某一搜索类别，输入一个搜索关键字后，单击“搜索”按钮，将会触发该按钮的 Click 事件，在该事件下调用自定义方法 BtnSearch_Click，将搜索到信息显示在结果页面。

BtnSearch_Click 方法的代码如下：

```
protected void BtnSearch_Click(object sender, EventArgs e)
{
    string searchtype = this.ddl_Search.SelectedItem.Text;     //取得搜索类别
    string condition = this.txtSearch.Text;                    //取得搜索关键字
    string con = "";
    if (searchtype == "产品信息")                               //如果搜索产品信息
    {
       con = " and productName like '%" + condition + "%'";
       Response.Redirect("Prolist.aspx?condition=" + con);     //将网页重新导向
       Prolist.aspx
    }

    if (searchtype == "服务信息")                               //如果搜索服务信息
    {
       con = " and title like '%" + condition + "%' ";
       Response.Redirect("ServerList.aspx?condition=" + con);
    }

    if (searchtype == "新闻信息")                               //如果搜索新闻信息
    {
       Response.Redirect
       con = " and title like '%" + condition + "%' ";
       Response.Redirect("NewsList.aspx?condition=" + con);
    }
}
```

例如，用户选择“新闻信息”类别，输入检索关键字“新产品”，单击“搜索”按钮，则搜索结果显示如图 7-12 所示。

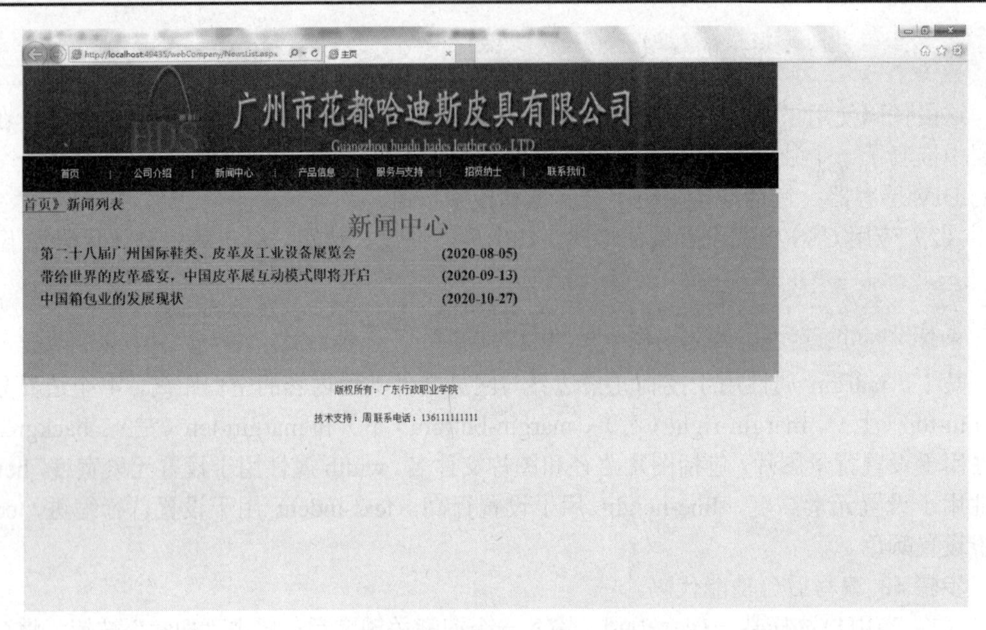

图 7-12　搜索结果页面效果 1

（2）搜索结果页面 NewsList.aspx 主要使用 DataList 控件展示检索到的数据，参考代码如下：

```
<div id="middle" style="font-size: large; font-weight: bolder; background-color: #FF9933;">
    <div id="navTip" style="font-size: large; font-weight: bolder; width: 959px;">
      <a href="Index. aspx">首页》</a>新闻列表</div>

    <div id="middlecontent">
    <div id="Title" style="font-family: 宋体, Arial, Helvetica, sans-serif; font-size: 32px; font-weight: bolder; color: #993333; vertical-align: middle; text-align: center;">新闻中心</div>
<div>
            <div class="middlecontentList">
            <ul>
            <asp:DataList ID="DataList1" Width="100%" runat="server" Height="16px">
            <ItemTemplate>
            <li><a href="NewsDetail.aspx?newsid=<%#Eval("ID") %>"><%#Eval("title")%>
             </a> <span>(<%#Eval("joindate")%>)</span></li>
            </ItemTemplate>
            </asp:DataList>
            </ul>
            ...
            </div>
          </div>
       </div>
    </div>
```

步骤 5：当搜索结果过多时，实现分页显示。

分页是 Web 应用程序最常用到的功能之一，手工编写分页代码不但技术难度大、任务烦琐而且代码重用率极低。这一步骤使用 AspNetPager 分页控件来解决分页问题，将使烦琐的分页工作变得简单化。AspNetPager 控件将分页导航功能与数据显示功能完全独立开来，由用户自己控制数据的获取及显示方式，因此可以被灵活地应用于任何需要实现分页导航功能的地方，如为 DataList 数据绑定控件实现分页。

（1）在 NewsList.aspx 页面添加分页控件 AspNetPager，代码如下：

```
<div>
    <webdiyer:AspNetPager ID="AspNetPager1" runat="server" CssClass="paginator"
    CurrentPageButtonClass="cpb" onpagechanged="AspNetPager1_PageChanged">
    </webdiyer:AspNetPager>
</div>
```

其中，onpagechanged 代表分页发生改变时触发事件。CurrentPageButtonClass 是 AspNetPager 分页控件当前页导航按钮的级联样式表（CSS）类。

（2）实现搜索结果分页显示（每页显示 5 条记录）的后台代码如下：

```
using System;
using System.Collections.Generic;
using System.Web;
using System.Web.UI;
using System.Web.UI.WebControls;

public partial class _Default : System.Web.UI.Page
{
    private static int pagesize = 5;                          //每页显示 5 条记录
    private static int pageindex = 0;                         //页码
    private static string condition = "";
    SqlDataHelper tSDH = new SqlDataHelper();                 //实例化 SqlDataHelper 对象
    CommTool commtool = new CommTool();                       //实例化 CommTool 对象

    protected void Page_Load(object sender, EventArgs e)  //页面加载
    {
      if (Request["condition"] != null && Request["condition"].ToString().Length > 0)
        {
            condition = Request["condition"].ToString();
        }
        getNewsListByPageIndex();
    }
    private void getNewsListByPageIndex()
    {
    //记录总数
    this.AspNetPager1.RecordCount = commtool.getdatacountbycondition("news", condition);
    this.AspNetPager1.PageSize=pagesize;
    //设置 DataSource，数据绑定控件从中检索数据
    this.DataList1.DataSource=commtool.getpageindex(pageindex, pagesize, "news", " Id,
    title,convert(nvarchar(10),joindate,121) as joindate", condition + " order by id
    desc", "id");
    this.DataList1.DataBind();                                //将数据源绑定到DataList控件
    }

    protected void AspNetPager1_PageChanged(object sender, EventArgs e) //页索引改变方法
    {
        pageindex = this.AspNetPager1.CurrentPageIndex - 1;          //当前页减 1
        getNewsListByPageIndex();
    }

}
```

项目总结

站内搜索以新闻信息搜索为例，首先通过 SQL Server 创建数据库和数据表，并添加新闻数据，编写站内搜索的存储过程；其次用 C#编写数据库检索操作类，最后建立 ASP 搜索入口页面和搜索结果页面，并完善相关后台功能的代码。

拓展训练

1．站内搜索入口的设计原则有哪些？

2．说明 TextBox、Button、DropDownList 和 AspNetPager 控件的用途。

3．如何为 DropDownList 控件添加列表项？

4．展示搜索结果可以应用哪些数据控件？

5．参考新闻信息搜索过程，实现产品信息搜索功能。